做一个优秀的普通人

梁永安 / 著

四川文艺出版社

果麦文化 出品

序

中国社会现在正在经历一个非常明显的变化，就是世代交替。五年前，我去新疆招生，第一次看见00后的报名表，一下子感觉一百年翻过去了，新的一代人登上舞台。可欣悦中也有担忧，为什么呢？我看到考生的父母给孩子填的志愿都是热门专业，考虑的是未来，专业好，以后工作好，收入好。但是孩子们却有一些新的想法，内心喜欢什么，到底以后的生活之路怎么走，他们有自己的愿望。但父母带着考生来咨询的时候，孩子都不出声，默默地坐在一旁，都是父母问来问去。

我觉得我们现在所做的一切工作都应以青年为中心，在所有的建设中，建设未来的人最重要。二十多年之后，90后这代人开始管理社会，那必然是一个非常不一样的时代，一个中国有史以来没出现过的社会。过去的农业社会一直是一个家族社会，是一个讲究整体性的社会，也是一个价值一元化的文化系统。人们追求"人上人"的身份，像攀爬金字塔，立德、立功、立言，努力将自己变成优越者，把自己的社会身份或等级往上升一层，甚至升好几层。一个人的内心世界是这么一个秩序，从整个国家来看，也是这样一个文化和道德系统。

就今天来说，价值在发生变化。我们国家的改革开放是从20世纪70年代的思想解放开始的。在规模宏大的经济建设中，全社会都很努力。从历史发展的基本原理上说，关键的历史阶段特别需要个体生命的激活，需要每一个人释放出自己的创造性。但实际发展的过程中，依靠的是千千万万人构成的"板块运动"，依靠"人口红利"，很多生产力来自简单劳动的累加。因为我们是后发国家，出发于低发展阶段，是追赶型社会，需要付出比发达国家多几倍的艰苦努力，才能逐步追上去。

18世纪中期，英国开始工业革命，瓦特改良的蒸汽机推动着火车、轮船到处跑，我们是慢了太多年，吃了太多苦头。将来的人写中国今天的历史，肯定会给予如今的中年一代高度的评价，他们太辛苦，付出太多，用血汗打造了人类历史上最大规模的工业化。20世纪八九十年代，农民工们制作的一亿条牛仔裤用来换一架波音飞机，就是这样简单的劳动集合，积累了后来的高速度发展，推动了高科技产业的发展。个体生命的独特价值在哪里呢？这在当时，还很难细想。

改革开放已经四十五年，站在今天的历史新节点，我们会明显地看到：经济建设的成就堪称奇迹，整个国家的人均GDP从1978年的两百多美元，提升到2022年的一万两千多美元。从我个人的经历来说，当下的衣食住行完全是新面貌。以前的工作经常要出差，出行最怕的是晚上住宿，因为很多旅店设施简陋，每一层楼中间有个走廊，两边的每个房间里面有四张床。碰上阴雨天，被子都有点潮湿。出门在外，人的消耗非常大。尤其是路途漫长，上海到昆明要乘坐六十三个小时的绿皮车，车里没有空调，也买不到卧铺票。在这样的基础条件下，国民的付出相当大，投入产出比也很低，活得很辛苦。在那个奋斗的岁月里，个人的幸福不是核心价值，社会提倡的是"先治坡，后治窝"，生产是第一位的。而当今，中国社会早已进入大流动时代，旅行条件提升非常大，高速公路、高铁、飞机，还有密密麻麻分布的各种设施不错的酒店、客栈，人活得更体面。然而，还是有个必须高度重视的问题：与物质建设的伟大成就对比起来，人的建设严重滞后。这体现在价值观、生命观、世界观还很单一，人们追求的生活目标还非常雷同。这种千人一面带来个深层的问题：物质生产的增长，在很大程度上还没有充分转变成普遍的幸福生活。因为在这种单一的思想观念影响下，人们互相攀比，比地位，比财产，比房子，从"比"中获得优越感，获得幸福感。其实究其到底，它不叫幸福，是立足于相对性的快乐。

人的建设为什么会这么单薄？因为还缺乏一个成熟的思想积累。五四运动以来，有很多新观念——自由、科学、民主，还有很多新思潮。但仔细想一想，这些新文化都是外部世界涌来的，并不是通过自己的生命体验和历史实践沉淀出来的。这就是我们后发展国家的特点，看到发达国家走得那么快，觉得他们的观念也是最先进的，将他们的观念与思潮作为自己的诗和远方去追求。但是真正的力量来自思想，思想必须要经过好几代人的试错性沉淀，经过曲折的历史变迁，经过很多坎坷，才能尘埃落定。经过这样的淬炼，整个社会的意识才有普遍的深度。我们还远远没有达到这一点。

虽然有这样的差距，但我们丝毫不必悲观，相反，我们要有极大的文化自信。为什么？因为改革开放四十五年来，中国人经历了人类历史上唯一的整体性文明变迁。1978年改革开放启动的时候，整个国家仅有19%的人是城镇户口，基本上是个农业国，现在的爷爷奶奶们，都是属于农业文明中人。而父母一代，几亿人一起努力，打造了世界上规模最大的工业化，全体系、全要素，他们的一生奋斗在工业文明中。而现在的90后，成长于互联网时代，大数据、人工智能、新物流，直到今天的自然语言处理工具，都具有鲜活的后工业文明特征。三种文明、三代人叠合在一起，能互相看见，这在人类历史上是绝无仅有的。我们生活的四面八方都弥漫着差异性，不同的文明与文化又相互衔接，中国人的这个体验在人类历史上是没出现过的。这是一个巨型文化共同体的全新社会基础，能不能在这个基础上创造人类文明新形态？这个问题，具有极大的思考价值。同时，这种状态也让我们进入了"归零时代"，以往的古老遗训失去了有效性，整个民族面临一个完全不同的新前景。这是个什么景象？是中国人面向大海的深呼吸,是古老民族以宽阔的跨度拥抱全世界,要在文化领域上站在"巨人的肩膀"上,汲取人类创造的清新文明力量,重新出发。我给研究生上课的时候,一直告诉学生,要把传统的中国地图转动一百八十度,体会一下大海在上的新视觉,走出大陆国家的心理惯性,看到我们年轻人的未来,现在已经属于无垠的新版"大航海时代"。这是一种新的态势,需要面向全球的新意识。

虽然,我们还有深切的忧患,忧患年轻的一代精神深处还有太多太多的空洞。生活节奏太快了,步履匆匆中,来不及反思,更来不及品味,人们带着巨大的精神空缺向前冲,缺乏生命体验和生存反思。《孟子》中有段话极其宝贵:"源泉混混,不舍昼夜,盈科而后进,放乎四海。"什么是"科"?就是河床上的沟沟坎坎,水流前行的时候,都是先把那些沟坎填满,然后再往前流,所以河流总是很丰盈、很从容,有自己的波浪和脉动。而我们今天的年轻人,遇到那么多坎儿,根本没时间细细体悟,就不得不追赶别人的脚步,带着内心深处大量的沟沟坎坎,直接往前奔。

这是青年文化中很大的问题。当代中国青年的生存体验超越了祖祖辈辈,年轻人在文明的三代叠层中获得了丰富的文化因子,生命中有内在的多元性。但是,生活的真实需要两个方面来构成:一是生命历程的多样和跨度,二是个体对自己这种多样和跨度的深刻认识。目前状况是:到处都在流动,求学,求职,年轻人身上积累了特别丰富的东西,但有多少人真正能意识到自己很了不起?年轻人的生命有了前所未有的精神储存,但都积压在无意识中。一个人的自我意识可以分成三部分：真实的自我、意识到的自我、理想中的自我。在三重自我中，一个人意识到的自我与真实的自我往往有巨大的错位，与那个理想中的自我也格格不入，特别分裂。分裂中充满了焦虑、抑郁和压力。

如何形容这样的心理态势？可以用一句俗话来表达：端着金饭碗讨饭吃。他们身上有那么多历史赋予的无形精神财富，太独特了，太宝贵了，但是自己没有意识到。尤其是没有悟到，今天的年轻一代要迎接的是差别时代。什么是差别时代？是与等级时代相反的新阶段。封建社会是垂直社会，一层一层向上叠，人们追求做"人上人"。"人上人"的外在表现，是通过各种外在的显性形式彰显自己，通过大宅、豪车、珠光宝气的穿戴来体现自己的财富与权力。现在我们的年轻人很少有这样的，但生活观念的单一化，还是处处可见。小学中学为什么要努力？因为要考个好大学。为什么要考好大学？因为要找个好工作。为什么要找好工作？为了得到更高的薪酬——这样的逻辑，比比可见。在这个环环相套的逻辑中，人很容易深陷在内卷中，也无力抵御"996"的压力。当下还缺乏大批的富于人文精神的企业家，缺乏用新的技术、新的认知、新的工具焕发活力的新型企业文化，无法大规模地通过创新提高效率，避免年轻人加班，给他们一个特别好的生命成长环境。企业家们有历史性的责任，让年轻人工作以外的八小时温馨而自由，喝咖啡，听音乐会，看电影，读书，文化交往。这才是年轻人的活性啊！他们的生命在这里，恋爱在这里，创造性在这里，种种有热度的东西都在这里。一声"加班"，这些自由时间都丧失了，重重的压迫感中，他们失去的是青春最美的一些可能性。

所以，我们今天要从头思考，思考生活的道理。差异时代，纵向的垂直社会倒下来，变成了横向的，人们不互相攀比，每个人都在横向上有自己的出发点，有自己的独特的来龙去脉，有独立的社会价值，和而不同，互相给光。中国社会的下一步发展中，精神文化方面的需求增长速度将大大超过物质需求，新增长出来的需求大量爆发在文化创新和内容生产领域。通俗一点儿说，是一代年轻人在小康社会的形成过程中，大步走出物质生活的"安身"的阶段，开始走向精神文化方向上的"立命"。在这个史无前例的变迁中，一个人的价值，首先是看他有没有自己的独立精神内核，有没有鲜明个性特征的创意能力。没有这种差别性，一个人就无法与其他人进行有价值的交流，无法用自己独有的语言讲独有的故事，也很难与人进行生产性交换。没有这些，就走不出同质化的精神单薄，不能拥有生命的自由。德国哲学家康德在讲启蒙运动的时候，特别提到，这世界上太多的人习惯于让别人决定自己的选择，把自己的命运交给他人，这已经成为这些人的第二天性。一旦让他们自己去做决定，那是极端的痛苦。

从这个角度观察，我感到目前很多年轻人存在着种种发展性的困境，具体地说，体现在六大方面：一、大时代小格局；二、有激情无信仰；三、高欲望低价值；四、有职业无事业；五、快流动低情感；六、有年轻无青春。不走出这些困境，年轻的生命就无法腾飞，只能活在别人的编程中，就像电影《楚门的世界》，那个年轻的男主角日复一日地生活在繁忙的小城里，人人都很亲切，最后他才发现，自己周边的一切都是布景和道具，连他谈的恋爱都是被人设计的。又像小说《海上钢琴师》，那个名叫"1900"的男人在船上出生和长大，只会弹钢琴，在八十八个琴键的世界里怡然自得。一天，他忽然看到船窗外走过一个年轻的姑娘，一眼爱上她，心心念念。最后，他下决心离开船，在纽约登岸，去找那个姑娘。他一步步下船的时候，大家都祝福他，可是他沿着那个木板走到一半，忽然停住了——眼望纽约这个茫茫大城，一切都不确定，远远不如八十八个钢琴的黑白键可控。他终于一掉头，又回到船上去了。

我们今天的中国的青年，今天的中国人，希望无限。这是一个全新的实践时代，在不再循环的全球化发展中，我们行动中打开的每一个时空，都有各种可能性。古代人们说"条条道路通罗马"，今天的活法是"出了罗马路条条"，各人有各人的方向，各人有各人的原创，这正是横向社会的特点。每个人，尤其是年轻人，都应该站在这个历史的核心，参与这新现实的运动，活在这伟大的价值中。归根到底，这是一个建设性的时代，每个人把自己"心之所向，身之所往"的坚定追求，汇聚起来，打造国家万众创新的新境界。

梁启超在1900年写下《少年中国说》，笔下有光："故今日之责任，不在他人，而全在我少年。少年智则国智，少年富则国富，少年强则国强，少年独立则国独立，少年自由则国自由，少年进步则国进步，少年胜于欧洲则国胜于欧洲，少年雄于地球则国雄于地球。红日初升，其道大光。"这是多么殷切的声音！在空前宏伟的全球化新进程中，我们每个人都变得幼稚了，都是"少年"。现在的每个中国人，一年里最重要的日子是9月1日，是开学的日子。每年在这个时间点上，都知道自己所处时代的学生，要翻开新课本，汲取新知识，打开新观念。这就是整个国家的精神青年化，是我们心灵上的逆碎片化，是对生命和世界最深情的挚爱。所有的年轻人都要拒绝未老先衰，拒绝内心的固化，珍惜自己的价值。

因此有了这本书，它聚焦当下年轻人的六大困境，一起言说，一起倾听，追光蹑影，迈向未来。期待用这本书与年轻人们同行，共探未知，齐心凿空，为建设充满成长力的新天地而奋力。

目录

第一章 走出大时代小格局，在历史的跨度中打开新生命

90 后、00 后是历史上最不适合结婚的一代吗	4
大城和故乡，你是不是双向陌生人	8
户口能不能逆天改命	13
你的贫穷，或许是受了这样的教育	16
代际难题：如何应对过年催生	23
你为什么总不快乐	27
什么是幸福？一道并不简单的选择题	33

第二章 打破有职业无事业，以发展竞争创造人生价值

我精致，我是打工人	40
上班如上坟？如何找到热爱的事儿	44
裸辞需要什么样的智慧	48
年轻人如何搞副业	52
当孔乙己决定脱下长衫进厂	56
工资微薄，不如烧香拜佛	62
进入社会要做的精神准备	67

第三章 面对快流动低情感，追寻溯游从之的深情

相爱为什么越来越难　　　　　　　　　74

异地，异地，一场好艰涩的恋爱　　　　80

感谢前任，在温馨的分手文化中成长　　84

如何真正相到亲　　　　　　　　　　　88

什么样的"软饭"可以吃　　　　　　　92

舔狗生涯的得与失　　　　　　　　　　96

脱单脱单，学学渣男　　　　　　　　　100

恋爱脑是个宝　　　　　　　　　　　　106

第四章 逆转高欲望低价值，让生命走出人性的弱点

年轻人该不该尽早买房　　　　　　　　114

内卷其实是个伪命题　　　　　　　　　118

结婚必须金光闪闪？爱的"钱途"并不可靠　　122

什么样的断舍离最没用　　　　　　　　126

放弃完美生活，摆脱精神内耗　　　　　131

第五章 超越有激情无信仰，用不变的相信创造永恒

你愿意为什么放弃一切	140
一边垂头丧气，一边假装努力	144
低学历的攀登路	149
做梦都想进大厂，不过如此	153
考公不是一线天，出了罗马路条条	157
笑看年轻人的两种躺平	161
年轻人更需要"双减"	167

第六章 远离有年轻无青春，把岁月的火种永留心中

你什么时候发现自己老了	174
不怕当小镇做题家，只怕沉陷做题家小镇	178
高考和大学，究竟意味着什么	183
选专业需要大境界	188
大学恋爱美美的，可为什么常常不靠谱	192
独居真惨还是真香	196
社恐也许是件好事儿	200
难道三十五岁就进入中年危机	204

第一章

走出大时代小格局
在历史的跨度中打开新生命

所有的年轻人，在今天的社会转型中，不停地跋涉。从故土到异乡，从小城到大城，从国内到国外，经历了太多艰难，每一步都很不容易。

以前，在计划经济体制下，上学、就业、住房、医疗，都是被国家安排的。那时候物资很贫乏，但生活很稳定，人生的曲线可以预计，长期主义是生命的主调。改革开放之后，快速的社会发展中，个体承担起了自己的种种生活难题，在迅速涌来的剧烈变化里应接不暇。无论是衣食住行，还是成家立业，处处充满焦虑。负重前行的路上，一个个小目标耸立在眼前，让年轻人尝尽每一天的苦辣甜酸。

但是另外一方面，亿亿万万人的努力聚合起来，汇成了时代的洪流，打开了伟大的工业化时代。从世界的眼光看，中国已经迈出了走向现代社会的伟大步伐。

个体的焦虑和社会的整体发展之间，构成了我们一个时代性的反差，在人类历史上，这种情况屡见不鲜。

回顾历史，我们可以看到：大时代给每个人提供的是未来，能不能认识到这种未来，认识到历史核心部分的发展方向，是我们每个人要去解决的问题。如果我们像一只工蚁一样，在自己的蚁巢里每天忙忙碌碌，毫无思考，可能永远就这样盲目下去了。作为新时代的青年，我们要看到自己的辛苦，更要看到自己的奋斗和整个社会发展的历史关联。有了这样的反思，我们才能够寻找面向未来的劳动，去寻找生命的价值。岁月都有一个最基本的定律：人不但活在当下，而且活在明天。今天迈出的每一步，都是为了下一步。一个人有没有对下一步的认识，就不知道自己下一步去哪里。

所有的辛苦都需要有价值，我们不能身处大时代，视野却仅仅停留在小格局里。小格局实际上是对自己生命的限定，也是需要我们去打破的精神障碍。

90后、00后是历史上最不适合结婚的一代吗

前两年，很多学生过年不能回家，但我发现有的学生特别高兴，因为他们回家需要面对父母的催婚，走亲访友时也会被七大姑八大姨多嘴多舌地问，有时家里人还旁敲侧击，一会儿说哪个孩子又结婚了，一会儿说谁的孩子多大了。

不孝有三，无后为大，古代社会中传宗接代是基本的生存前提，演化成伦理后变成了刚硬的需求。尽管它听起来很古老，但我们要意识到，改革开放之前中国还是农业社会，民族文化、历史理论在上一辈人的潜意识里根深蒂固，父母总是觉得自己有责任让孩子结婚，这时，两代人之间的文化裂缝、文化撞击就出现了，各有各的历史逻辑，各有各的现实道理。

为什么会出现这个问题呢？因为这是多元化的世界，男女关系发生了变化，人生并非只有婚姻一条路。而一百多年前，男女关系还是非常单一的生存和繁衍，女方怀孕后就必须组建家庭，否则就是违法。避孕技术出现以后，对人类生活产生了巨大变革，

男女关系成为娱乐关系，特别是20世纪60年代，美国产生了性开放、性解放的浪潮。巧合的是，80年代后，中国的独生子女的政策，对这一代人的影响非常大。正是在这样的时代背景下，90后乃至00后，成为中国历史上最不适合结婚的一代人。

曾经的人，是被集体包裹着，被家族包裹着，被父母包裹着，他们都是被外部支配的人。如今的年轻人变得更加以自我为中心，这样必然会导致两代人之间的差异和混乱。每一个年轻人都是一种可能性，互相之间缺乏精神的共识，所以他们特别适合自由自在地一个人生活。

有一年我到上海政府做讲座，婚姻登记处的主任跟我说，上海郊区登记结婚的平均年龄是三十五岁，我听了很高兴，因为三十五岁是成熟的年纪。很多孩子在十七八岁进入社会，品尝各种滋味，最终结婚了，我知道有人是经历的情感太多，筋疲力尽了。但无论如何，这是有史以来很多中国人没有享受到的年轻阶段。

我曾经看过一篇文章，提到现在上海女孩的择偶标准，包括：收入、房车、户口和颜值，等等。按照女孩们的标准，四百个上海男孩里恐怕只有一个才符合。以前，一个女孩喜欢一个男孩就结婚了，现在却要考虑很多。但是，人类社会都是在这种对生活的丰富多元的想象之中逐渐进步的，这是因为复杂之后会有一种沉淀。传统社会中是没有这么多复杂想象的，同时也没有沉淀，也就没有对生活的自觉、对生命的理解。现在，我们向着复杂前进，一点点穿透，一点点去把它变得明澈，这时，我们找到的生活会更符合内心的向往。

以前的人催促你传宗接代，而现在的人更注重现实利益，注重生活质量。父母那一代对生活的理解是温馨的日子，感情是可以培养的，但现在的年轻人认为结婚一定要有爱情。他们表面上不结婚，实际上是在坚守爱情。

有一句话是这样说的："没有父母祝福的婚姻是不幸福的。"但是我觉得更重要的是："没有爱情的婚姻才是不幸福的，是生命的缺失。"他们婚后没有细节，没有情趣，穿衣、吃饭、生娃，一切都像程序。

有爱情的夫妻是有情趣的，生活充满细节。我到一个朋友家做客，这对夫妻感情特别好，老公吃完一碗米饭，战战兢兢地站起来跟老婆说："老婆，我能不能再吃一碗？老婆万岁。"大家知道他是故意出洋相，让大家笑话他。老婆便骂他，让他赶快吃。大家哈哈大笑起来。好的婚姻就是有这些活泼、灵动、温暖的细节。

如果上一代过得很成功，示范作用很大，年轻人当然愿意那样生活。只是年轻人有更大的精神追求，只是过日子是不够的，这样上一代的催婚就变成了对下一代的压力。

父母认为自己的催婚，是给儿女找幸福，让他们按照自己的理念过日子，柴米油盐就完事了。但时代变了，看起来是父母给孩子找幸福，实际上是在给孩子挖坑逼他们往下跳，毕竟现在离婚率太高了。所以，爱情是全人类生活里最不能催的事情。水果可以催熟，杧果在云南、海南、广东被摘下来时都是绿的，不然等熟透了再运过来早烂掉了。但你要知道，你吃到的杧果，其实是后来被催熟的。如果你到了南方，去品尝刚摘下来熟透了的杧果，那么你会感受到死虾和活虾之间的区别。婚要是被催成了，那可能比催熟的杧果还要难吃，不香甜，危机重重。

作为生灵，两人彼此要情投意合，才能成为一对。虽然有句话叫作："得之我幸，不得我命，何必勉强。"但是作为儿女来说，也需要感谢父母的催婚，因为这里面有温度、有情感，因为这是符合他们观点的。而且你一定要认识到，没有上一代人的艰苦打拼，哪有下一代人的物质基础，哪有现在宽松而自由的生活？每一代人都有每一代的伟大贡献，当然也有每一代的局限，我们要将贡献和贡献相比，而不要将局限和局限相撞。

对于年轻人来说，要体会父母的那份心情，但同时也要认识到，自己坚守那份爱情的重要性。从心理上来看，要父母那一代人改变是很困难的，而年轻人的活性是很强的。你不能妥协，但是从认识上可以灵活一点儿。

大城和故乡，你是不是双向陌生人

前两年，好多人过年不回家了，少了和父亲母亲、爷爷奶奶、外公外婆以及其他家人团聚的温暖。一年到头奔波在外，过年的时候回不去，这是一种很复杂的心情，可以说是我们当代年轻人在外打拼的浓浓乡愁。

乡愁对我们当今的这一代年轻人来说，是一种很无奈的情感，我看到有人说："北上广容不下肉体，家乡留不住灵魂。"所谓的为难、自我矛盾，就在这里。

然而我觉得，年轻人拥有这份乡愁，要比没有好很多，我们要珍惜。因为我们国家的城市化在不断发展，可能我们是最后一代有乡愁的人。四十年来，农村进入城市的人达到了近四亿，接下来的二十年，还有几亿人要迁往城市，他们都会有乡愁。等到实现城市化，乡下没有人了，他们的后代就不再会有乡愁。

在城市定居的人把孩子带回故乡，孩子们玩得很高兴，但他小时候没有在这儿抓过鱼，也没在这里爬过树，更没有在这里上小学，参加劳动，还有什么乡愁呢？乡愁是割不断的情感，就像台湾地区乡土作家吴念真，写的大多是那些从乡下到城市打拼的人们，对家乡的情怀割不断。尤其是在中国价值观里，对于传统生活的留恋是很浓厚的。

中国的春运是全世界规模最大的节日性人口移动，一般都有五亿人口在迁徙，其他国家是没有这种现象的。有些在深圳打工的农民平时省吃俭用，但为了回趟家甚至不惜花一两千元买机票，花钱都不是事儿，能回家才是最重要的。

如果不是这份对家乡的留恋，理性一点儿，我们完全可以分批放假，错峰回乡，这样就消除了春运的人山人海。听起来很有道理，但实际上这是一种文化的消失，中国人相互之间的亲情和乡情没有了。从文化的角度看，当下中国人的乡愁特别值得去珍惜，它把一个人对乡土的感情带到了城市，这是人们对古老的农业文明的集体依恋，让人非常感动。

不过，也有一些人说，自己恨不得把原来乡村的根都砍掉，抹去前半生，移植一次，嫁接到一座新的城市，当一个崭新的"城里人"。在新的城市生活，他们虽然满怀拼劲，却依然会被本地人鄙视，被骂"乡巴佬"，因此而感到自卑。"乡下人"因此变成一个贬义词，变成落后和土气的代表。在这样的风气下，人们想尽量摆脱自己的乡村风气，清理自己来自农村的痕迹，这很不成熟，也非常可笑。家乡是我们精神和成长的发源地，是生命的基础和支撑，赋予我们一种成长力，塑造我们热爱劳动、热爱自然、朴素坚韧的品质。

我有一个毕业的学生，他的家乡在江苏省泰兴市的一个乡村，我到他们的乡村里，感到特别温暖。一家人正吃着饭，这时一个邻居或远亲来了，这家人问他："吃了没有？"他说："吃过了。"他也不客气，坐在旁边跟大家聊天，非常亲切，这种情况在城市里根本见不到。人情社会当然有它的弊端，彼此介入，互相压制，但另外一方面，它也体现了人类彼此的感情。人们从乡村进入城市，就是要把乡村最宝贵的东西带进去，同时吸收现代社会的平等、自由，两相结合，就是现代生活。

我观察一个年轻人会看两点：

第一点，是看他身上有没有朴素的农夫气质，有没有春种秋收的长情。因为现在的社会是流动的社会，甚至是碎片化的社会，每个瞬间都在变化。但是，世界上的很多事情还是需要坚持，需要慢慢地播种、养育、去除杂草，然后收割、精细加工，最终生产出高质量的、有内涵的产品。这是一个年轻人应当具备的朴素耕种能力。

第二点，是看他有没有水手一样远航的能力，面对世界有没有自由探索的心志，有没有面向远方的开拓性。自从1492年进入大航海时代以来，人类历史开始了"哥伦布大交换"，整个世界飞速发展，人流、物流穿梭不停，流动不止的新世界需要我们不停地去原创。所以，年轻人光靠农民那种春耕秋收的能力还不行，还需要有凿空开创的激情。

具备以上两种能力，他才是一个优秀的当代青年。

一个人，特别是从乡村来到城市的人，如果连乡愁都没有，该是多么可怕、冰凉、单薄和脆弱。一个人只有在精神发展到一定程度，对文化、土地、人类生活有非常丰富的理解，身上有一种全面打开的多元性的时候，他才会对家乡有深情的依恋。

前两年，我去雄安新区调研，跟当地人交流时，一个村委主任告诉我，雄安出现了一个情况，很多五十来岁的人，原来准备在外定居，现在却回到雄安了，为什么呢？他们在外打拼多年，生存问题基本解决了，没有温饱之忧，开始怀念儿时的村庄，于是都回来了。他们在白洋淀上驾着小船，钓钓鱼、吹吹风、唱唱歌，当然也做一些新的产业，比如新农业、新渔业，等等，活得很快乐，不用朝九晚五，把自己挤压得像一个工具。这种"归来"的新感觉，必须建立在"出去"的奋斗历程之上，不然人生会很遗憾，从来没看到外面的世界。在外奋斗那么多年后，乡村反而是他们想要回归的地方。

我相信，再过一二十年，你现在很想与之割裂的乡村，最终还是你离不开的地方，你的童年、你的少年、你的精神深处就是你的故乡。那时候你会有一种愿望，把自己的生命再投射回去，让家乡有新的发展。那时回到乡村的人，他看到的将是一个经历过种种发展的新空间，他可以把城市里的资金、技术和自己的能力、事业以及观念带回去，打造一个不一样的家乡，他的价值也就体现出来了。

事实证明,再造乡村,往往要依靠那些有乡愁的人。比如,海南省海口市郊区的博学村就是出去读书的大学生陈统奎等人领头建设的。陈统奎早些年在广州打拼,担任《南风窗》的时政记者,事业有成之后,毅然回到自己的家乡建设新农村,推动了很多新事物的改造。后来他们也遇到了一些问题,但这个尝试是非常宝贵的。再比如台湾地区的垦丁,现在很有名,但那里曾经是个古老的村落。也都是从垦丁去城里的人在外打拼后,最终回到家乡进行再建设,带给家乡很大的变化,家乡变成了一个著名的地标。

我希望进入城市的乡村青年,千万不要一刀斩断自己的根,变成一朵浮萍,在城市里漂流,最终想回去却回不去,因为你精神上经历了一次斩断后,再想重建自己跟乡土的关系,就很难了,所以,青年们千万要保住自己身上的那一股乡土气。

有乡愁是件好事,它既是我们今天的心情,也是我们生命的未来,更是我们对新农村的期待,包含着无限丰富的可能。

户口能不能逆天改命

在当今中国,不同的城市给予有户籍的居民的社会资源,比如政策资源、教育资源,等等,都是不一样的,因此带来的户口问题,是现阶段社会发展的重要问题。

在我看来,面对户口难题,人们首先要考虑的是这辈子怎么活。我们说"安身立命",但安身和立命是不一样的,安身是自然生命能够有基本保障,立命是自身的精神文化发展,有热爱和有价值的生活,活着不只是为了糊口,还要实现独特的追求,这样才是有价值的人。

很多第一代农村人进城是为了安身,能够拿到城市户口,跟当地人一样工作、劳动,但这个过程非常艰难。

我接触了不少从别的地方到上海来的外乡人,有的从浙江、江苏、安徽来到上海买房,买房不是为了房子本身,而是为了蓝印户口,再熬过几年之后,就能拥有上海户口。我有一个北方朋友,他在外资企业工作,工资并不高。他在嘉定郊区买房,又买了辆车,于是每天长时间通勤上下班。在这样被极度压缩的生活里，他什么都不能想，只想让下一代能安安心心地当上海人。很多人打拼了一辈子，安身立命无法兼容，只能先辛苦工作，等到安身后，人也老了。

上海还有一批人来自重庆山区，是当年三峡工程中一百万移民中的一小部分，他们移民到上海崇明岛。很多中老年人不愿意离开重庆，因为他们世世代代、祖祖辈辈都生活在那里。记者问他们为什么最后还是来了上海，他们说心里不愿意来，但为了下一代，觉得还是上海前景好，希望孩子在这个地方重新开始。

这就是争取户口安身的意义。如果你的原生家庭无法给予你从容的生活，而你想去大城市奋斗，只为这一个户口，那么你就要做好心理准备，你是来安身的，不要多想，没法多想。有的富二代是不在乎户口的，因为他有车有房，可以随心去听歌剧、上学校。普通人的生活是不理想的，这就是现状，我们必须熬过它，否则真的难过。

然而，倘若你是来城市历练的，只想怎样让自己这一生活出本色、活出精神，户口就不必多考虑了。多一个户口，无非多一点儿资源，你要相信自己会超越这些资源，活出更大的创造性。

复旦大学邓正来教授是科班出身，1982年毕业于四川外语学院（今四川外国语大学）后，准备去北京外交学院攻读硕士。按照这个路径，他本可以在大城市过得很好，但他研究生没毕业就退学了，因为他喜欢研究政治学，下定决心后准备做一个学术个体户。没想到退学后，他却成了一个学术流浪汉，没户口，没房子，没单位，没收入，是个漂泊的人。他身上背着铺盖卷、一个书包，里面有很多书，租过最廉价的地下室，有时还在地下通道里过夜，天冷就在地铁站里跑步取暖。这样的人，坚持每天读书，翻译国外著作，思考问题，就这样流浪了十三年，终于变成著名的学者。之后又把自己关了五年，他在这五年间读书、写作，成为国内顶尖的政治学研究专家，学术界的评价非常高。后来，吉林大学隆重欢迎四十多岁的邓正来去做特聘教授，过了几年，复旦大学又聘请他做高等研究院院长。

我很佩服这样的人，本可以享受很好的资源，但他可以一往无前，不怕任何艰难地去探索生活，思考问题，不让任何东西分散自己、瓦解自己，人生像燃烧的火把一样，照亮世界不同的角落。

年轻人要如何理解生命呢？作为普通劳动者，追求安身，勤劳工作，为后代提供良好的资源，因此渴望城市户口，这是很好的，这是传统的伦理，不惜一切为了孩子。而有的人，渴望通过劳动完成价值，这是现代的自由精神，这也是很好的。

户籍制度、社会变迁，它有太多的不理想，历史条件也不足。但再往前走，再发展一代人，等中西部发展起来了，东西差距越来越小，或许户口问题就不像如今这样紧迫了。所以，面临这样历史转型期的年轻人，真的很不容易。但我们一定要有清晰的认知，不能被复杂问题迷惑，变得左右为难。想想到底是安身还是立命，这才是关键的。

你的贫穷，或许是受了这样的教育

一个刚入学的女大学生，打算用平常从生活费里攒下来的七百元钱去泰山旅行，用今天的话说，就是"特种兵旅游"。当她跟爸爸说完这件事后，立即招来了爸爸的反对，爸爸认为花七百元旅行不是不好，而是不值，浪费时间浪费金钱，对社交也没什么用，对女儿进行了一番劝说。

很多同学看了这段父亲和女儿的对话后，纷纷诉说自己遇到的类似经历。旅行必然有一些开支，父母知道后大多不赞成，他们觉得旅行并不值得，孩子听了以后往往备受打击。

为什么会出现这个情况？如果拓宽背景来理解，就会发现我们的代际在历史上很是巧合，老一辈和新一代刚好是社会转型的两代。1978 年，我国人均 GDP 才两百多美元，老一辈人只能维持基本生存，所以我们这一辈人对生活的思维框架都停留在油盐柴米，每一分钱都很珍贵。毕竟，在物资匮乏、经济生活水平低下的时期，每个人都要精打细算。用另一种方式理解，那就是：

越是不发达的时期，时间越不值钱。

现代社会就是时间特别值钱的社会，今天我们有约两千万名货车司机，送货要求都不能延迟半个小时，比如，把一些科技产品从上海或苏州的产业园区送到浦东机场，然后再运输到全球各地的产业链、供应链里，配送时间都是按分钟来计算的。

因此，在漫长的农业社会里，越是靠人力，经济发展越缓慢，流速也非常缓慢。那时，最大的资源就是人力，人们用时间作为资源消耗自己，所以他们才要节省自己的时间。

大城市里，有的人把它概括成一种"穷人思维"。我在日本工作的时候，一些水果店往往会把一些不新鲜的水果放一个果篮里，标价一百日元，新鲜的果篮需要五百日元。很多收入不高的人，便只购买一百日元的不新鲜的果篮。

我看着一些人购买一百日元的果篮，心里想，这样精打细算会有一些人生缺憾，按照这样的活法，他们可能一辈子都没有真正品尝过最新鲜、最美好的水果。

父亲劝说女儿不要去旅行，恐怕就是思维受到这样的陈旧习惯的限制，他觉得过日子就是要精打细算，而人类生活的拓展跟他并没有什么关系。

然而，当今是一个全球化时代，中国社会正大踏步地迈向城市化、中产化，从小康走向现代，在这个过程中，有大量的新需求、新创造，因此，需要人见多识广，需要人有丰富的内心积累，需要人眼光开阔，这些都是需要人们在年轻的时候去培养的。花七百元爬一次泰山，这个人就会知道泰山的历史，知道泰山上有哪些诗歌，不管是刘邦，还是杜甫、李白等，都曾在这里留下痕迹，这些都是中国珍贵的文化遗产，也是世界文化遗产。鸟瞰群山，"一览众山小"的感觉不仅仅只是一种视觉感受，更是精神体验，文化体验。如果我们对孩子的要求就是"成个小家，生儿育女"这个小范围的话，我们不过是在给他制造局限，孩子对世界的认知、对内心的认知、对成长的认知，在无形中被弱化了。

在这个时代，做一个现代的人，在青春中完成最重要的成长，在这个成长过程中，学会从多元化、差异化里认识真实的世界，尊重别人的价值，从而释放自己的热度和创造力，这都需要行万里路、读万卷书。同时，花一些钱在同代人之间建立连接，或许这笔钱对当时的她而言是一笔大钱，但这是一个人生关键阶段，因为她刚刚从被封闭、被保护的高中应试教育中走出来，处于人生的黄金年华，她需要学会如何跟大学同学同行，如何互为人师、互为学生，在远离校园的空间彼此重新认识，这都是非常重要的。

不仅如此，父亲的言语还总是体现出卑微感，他一直强调，你看看别人的社会地位，再看看自己的，好像别人都高高在上，自己只能仰视别人，这些言语都残留着那个时代的痕迹。

所以，客观存在的问题就是：我们的年轻人往往都是迎着旧有的思维往前行走，做等级社会这样陈旧思维的逆行者，我们要保持内心的自由，不要把财富差距、文化资源差距变成自己裹足不前、在精神上低人一头的理由。

在这个世界上，我们看一个人最重要的不是起点，而是过程，是他最后为社会做了些什么。社会不会因为你出身高贵而对你永远尊敬，社会只会因为你在发展中创造了什么价值而对你青睐有加。获得真正的自尊，不是靠退缩，而是靠不断打破社会的禁锢，在这个过程中培养独立的勇气。

德国哲学家黑格尔分析过，世界上有两种人，一种是有奴隶意识的人，一种是有主人意识的人。有奴隶意识的人，总是在攀比。人之所以攀比，正是因为自卑，哪怕身居高位也自卑，因为还有地位比他更高的人。有奴隶意识的人永远不属于自己，永远向往机会主义，永远不自由，永远卑微。

但是，有主人意识的人就不一样，他把自己当作一个自由的人，对自己的生命充满独立的自信，相信自己的学习性、发展性，整个人从内到外都是一致的，洋溢着向日葵一般的热量与绽放。

所以，一个人千万不要把旧社会的等级身份意识放到现代青年的生命过程中，那样会造成永远抬头仰望，却不见天日只见尘埃的压抑心境。

我们这个社会当然有差距，财富、资源的差距，还有文化的差距，这是不可回避的。但就像《了不起的盖茨比》开头的第一句话那样，"每逢你想要批评任何人的时候，要记住，世上不是每个人都有你这么好的条件。"这就是现实。

但是生命不等于现实，生命等于你内心的热量，等于你面对世界的解放感，做想做的事，然后重新构建你和这个世界的关系，生命等于那种来自内心深处的动力。所以，我们并非因为现实主义而被现实淹没，否则，人永远是封闭的。

我有一位很受人尊敬的管理学教授朋友，他的儿子放暑假后，他便让儿子去上海的一家酒店集团实习。教授跟集团的董事长非常熟悉，他要求董事长安排他儿子去最艰苦的岗位上锻炼。第一天去实习后，教授问儿子："这位老总给你安排了什么职位、什么工作？"儿子说："我去了以后，老总说要我去最艰苦的岗位上锻炼，所以他安排我做董事长助理。"教授听完大吃一惊，立刻打电话让董事长安排自己的儿子去酒店大堂做勤杂工，老老实实扫地。

有贫穷思维的人听到给儿子安排董事长助理的职位，应该会欢天喜地，特别开心，觉得老朋友真心是在照顾自己的孩子，然而长此以往，这个孩子永远在一个狭窄的通道上，再往前走，当他面对社会的种种变化之时，他便束手无策。

贫穷思维带来的问题是，会使得一个人失去自由生活的热情与激情。当你看到一个喜欢的东西，欣喜之余，立刻就有了克制的念头。比如面对一件一百元的旅行纪念品，你很是喜欢，但转念一想，还是算了，看上去你省下了一些钱，但在精神中不断给自己熄火，生命的品质大受影响。有的人花钱吃吃喝喝觉得理所应当，但买一本书却需要深思良久。然而，图书是一种诗意的支出，一个人不会天天买书，不会天天去爬泰山，而生活之中是需要用一个瞬间来做一个决定的。

去一次远方，会打开很多可能性，它和日常生活中的平平安安、稳稳当当、细水长流的逻辑不一样。在旅途中，人离开了固定的位置，从而释放出新鲜的东西，听到内心另一个声音，或者说新的渴望、新的梦想。一个人身上潜伏着大量的东西，在不断涌现新事物的今天，每个人都需要革新换代。我们不能习惯于小格局中，习惯于微小逻辑，每天只想过小日子。

当然，我不是说每个人花钱都要大手大脚、漫无目的，但至少我们要在认知上，对新事物有自己的判断，再做出选择，在关键处走出贫穷思维，勇于投放资源，我们要有这样的智慧。

在生活中我们将自己掩盖和遮蔽，虽然是一种保护，但并不必要，我们对生命要有信任。花七百元去旅行，途中我们可以精打细算一些，但毕竟是远行了，这样我们既保持了内在的独立和尊严，同时也培养了逆流而上的勇气。跟这些有钱的同学在一起，你不需要有任何自卑。美国作家欧文·斯通写过《凡·高传》，其中提到凡·高二十五六岁的时候在矿区画画，那时他很穷，于是他的弟弟提奥每个月给他寄一百五十元法郎。按照常规的思维，这些钱可以买很多面包和牛奶，他本可以过得很充裕，但他依旧吃了上顿没下顿，因为他把钱拿去买颜料了，并且是质量最好的颜料，只有这样才能画出他想要的画面，实现艺术创造的特质。

总的来说，如今的年轻人正站在一个伟大的转变时代，每个人都有价值，每个人都能有很多体验，每个人都有不同的追求，在这个基础上，我们一起前行。孔子说："三人行，必有我师焉。"

今天是"众人行，必有我师焉"。当你不去众人行，不去互相阅读、互相激发，你只能像一座独家小院里的孤独农夫，以原始的方式生存。我们不应抓小放大，失去身为年轻人无限蓬勃的生机。要走出贫穷思维，打破常规，给生活增添灵感和创意。中国古话说："当奢则奢，当俭则俭。"走出贫穷思维，就是我们要在"当奢则奢"上有新的认知。

代际难题：如何应对过年催生

2022年1月17日，国家统计局公布2021年全国人口净增长数据为48万。这个数据其实相当小，说明当下的现实状况——很多人都不愿意生孩子了。

在古代，这本来不是问题，"不孝有三，无后为大"，人丁兴旺是家族的第一愿望。作为一个自然人，天然有繁殖的本能，代代之间有亲情；从本性上说，天下男女都是爱孩子的，怀孕生子都是人生喜事。但不愿生育，是否意味着人的观点发生了变化呢？

其中有很多现实原因，但最重要的是生育成本。生并不难，但育太难了，父母要购买各种各样符合标准的奶粉、尿布，要让孩子去条件更好的托儿所、幼儿园、小学，需要提供多种课外教育，付出非常大。能生但是养不起，这是当下人尤其是年轻女性的困境。

有一份针对日本妇女生育意愿的调查，她们不愿生育的理由包括：收入不稳定；经济状况不好；丈夫早出晚归，不能帮上忙，养育责任都在女性身上，做家务、教育孩子都是很繁重的事情，生孩子前后的生活真是天壤之别。等到女性可以再去工作，收入也下降了一大截，原来的岗位早就被别人顶替了，只能做一些辅助性的工作。

中国也是如此，年轻人加班本就繁多，再加上一个孩子，生活就更沉重了。在今天社会转型的过程中，女性要不要生育的确左右为难。

此外，人们的生活观念也随着社会发展发生了变化，出现了传统社会中没有的新思潮，比如追求丰富的个人生活和自由，渴望探索感。

20世纪80年代中后期，我的一些朋友不想要孩子，因为他们喜欢文学创作，希望把有限的人生精力和资源投入热爱的事业中去。对他们而言，作品就是他们的孩子。还有的朋友觉得人生太苦，生存不易，人类社会环境不理想，为了安生，人要应付太多，既然如此，那就不生了，别让孩子和自己一样，经受生活的磨难。磨难不仅仅指物质上的，还有精神上的，例如孤独、委屈，不得不违心去做一些事情。

但我们为什么要养孩子呢？在传统的农业社会中，养儿就是为了防老。以往的社会是家庭化的，没有现代社会中的公共机构，老人只能靠孩子养老。而有人会庸俗地理解为，生孩子就是投资，将来会有产出，这是将孩子工具化了。父母生育孩子，是为了传递一种超出物质世界、自然世界的东西，双方都有一种心灵的润泽，彼此点燃生命，传达幸福。

养育孩子的同时也是成年父母的再次成长，再活一回。人类会忘记两岁以前的事情，但父母看着孩子长大，那段忘却的记忆会在孩子身上找回。同时，父母跟孩子在时代发展中共生长，养育他时，父母也在回味自己的成长，两种经历互相交流。养育孩子难就难在这里，你们的精神需要共同生长，父母反过来也被孩子在精神上反哺。从某种意义上说，父母和孩子是同学，这是很好的体验。所以，养育孩子，会使父母的生命感变得不一样，这是人生的一部分。

人们还有一个误区，认为养育孩子就是要让他出人头地，起码不能输在起跑线上。很多人觉得自己条件不好，认为生孩子必须要有一定的经济实力，不然孩子也会过得很苦。我认为不是这样的，生一个孩子不是为了让他去爬金字塔。我一直在讲，社会的等级就像金字塔，特点是底部越宽广，越往上越窄小；爬上金字塔表面上光鲜体面，但实际上生命中自由的丰富滋味反而难以品尝得到。

我们要宽阔地想这件事情，而不是让他去爬金字塔，给自己制造难度。要知道，让孩子爬到金字塔顶端的概率恐怕连千分之一都没有，这样其他所有人都是失败者。我以为，做一个普通人就很好，养育孩子更重要的是要让他热爱自然、热爱人类、热爱生命，以及热爱朴素的生活。以这样宽松的心态来对待，养育孩子的压力就会小很多。

养育孩子最重要的是要充分认识到培养孩子的独特性，培养创造性，而钱并不是决定性因素。日本作家宫本辉的父亲教育方式很特别，他没有有意培养宫本辉的精英精神，而是带着他到处乱逛，甚至还带他去妓院，让这个孩子在五花八门的环境中成长，知道社会的三教九流，让他有自然的社会态度，长成什么样就什么样。后来宫本辉写下《泥河》，获得了日本文学大奖。

孩子不是物质堆出来的，否则养育孩子就会像身在古罗马的斗兽场中，拼命让孩子变成强大的竞争者，但这个想法太过时了，活得有真心，有特性才好。

养育这个问题包括生命观、社会观、价值观的问题，也包括内在精神的追求问题。父母能把这些问题解决好，自然可以解决大多数的问题。若一味地强调多生孩子，用钱和资源多补贴，解决不了根本问题。

这个世界的活法是多样的，选择丁克也是一种，社会应该理解包容他们的选择。但我们尤其要重视，很多人想生但不敢生的问题，不管是物质条件不足，还是传统的惯性赋予女性的畏惧，都是问题。

不管催婚还是催生，都会催出对立关系，问题摆在那里。作为家长不要乱催，而是要反思这个问题，理解年轻人，尤其是年轻女性，知道她们渴望什么，共情她们的焦虑和苦恼。在生孩子这个问题上，社会要创造哪些条件，而不是像传统社会的家长那样，倘若只重视传宗接代、家族香火，那就进一步制造矛盾了。这些问题解决好了，生育率或许会逐渐达成一种平衡。

你为什么总不快乐

这么多年以来,我发现一个很有意思的现象,就是很多看起来很成功的人,其实他的内心并不快乐。

不少人在各种行业里成为精英,包括一些年轻人,比如高考状元,去往顶级高校学习,但在跟他们细谈的过程中,我发现他们内心深处并没有一种长远的快乐,觉得自己像一只小仓鼠一般在转轮上拼命地跑,从小学、初中,再到高中、大学,周围的人也在不断催促,他们最后只剩下——焦虑。

我的一个物理系导师朋友,他有一个女博士生,她有一段时间心情特别低落,朋友跟她谈心,问她遇到了什么。女博士说:"我原来考试都是第一名、第二名,现在落到了第四名甚至第五名,心里特别着急,睡不着觉。"我觉得,这可能就是"成功综合征"。

作为一名普通人,为什么他会认为成功的人应该很快乐呢?因为他并没有成功。很多人一辈子都在追求某些东西,但都没有得到过,而那些得不到的在他眼中就是好的,只有得到之后,才会品尝到万般滋味。只是他之所以要去追求那些他得不到的东西，或许只是盲从，看到大家都在追求，所以觉得它好，于是花了那么多资源、时间，等到真正得到之后，觉得不过那样。

我小时候生活在西安，住在中国人民解放军军事电信工程学院（现西安电子科技大学）里，在这样得天独厚的环境下，很多人手里都提着一台半导体收音机。我很好奇，也很羡慕：为什么那样一个盒子可以发出声音？等到后来我去云南上山下乡的时候，拥有了自己的第一台收音机，甚至在购买前的那一夜，我都睡不着觉。等到我使用了很多天之后，才察觉到那份狂喜原来只是幻觉所化，用理性的眼光看待之后，那只不过是一个工具罢了。

我认识一个大型汽车国企信息部的负责人，他告诉我，从小他就特别喜欢汽车，看到各种类型的车都会羡慕和兴奋，后来他才发觉，车的本质，不过就是一个代步工具，忽然之间，他对那些百万豪车都失去了感觉。所以，有时候我们的喜欢与追逐，可能只是脑子里幻觉化的，等真正得到之后也觉得不过如此，它们给予人的幸福感是有限的。

因此，很多人认为人获得成功以后，会抵达快乐的境界，但事实并非如此。社会的发展是这样的，我们正在进行着大规模的中产化，按照美国的标准，一个人有一栋自己的房子，两辆车，上一个好大学，再生一两个孩子，那就是标配的中产阶级。但很多文艺作品都曾描绘过这种中产阶级的空虚，例如《美国丽人》，莱斯特住在郊外的大房子里，妻子卡罗琳不仅漂亮，而且也会挣钱，他们还有一个聪明伶俐的女儿珍妮。外人看上去他的生活完美幸福，但这个在广告公司干了十四年的中年男人，却对生活、工作都感到无比厌倦，也正是怀着这种灰暗的心情，夫妻之间无话可说——这就是外表看着光鲜亮丽的中产阶级内心的空洞。它所表达的正是这种问题。

我们一直说要提高GDP，实现人均多少，归根结底是推进社会城市化、中产化，但再后来是什么呢？是更多的焦虑。任何事情在完成到一定程度后，都会带来烦恼。

在这种时候，如何过上好的生活，是要有自己的尺度和价值判断的，有一个发自内心的、真实的、深切的体会。这个体会当然不是凭空而来的，而是需要一个过程，而当今的社会，恰恰是不愿意给人提供这个过程的。从小，我们就在起跑线上，从小学开始比每个人得到多少小红花，拿到多少成绩，每个人都被环境带动，没有自己的节奏，也因为如此，我们没有自己定义的成功，都是世俗给我们安排好的。"啪"的一声，发令枪响了，孩子们开始跑，而奔跑的意义是什么呢？跑到终点又会得到什么呢？没有人真正思考过。

曾经有人前赴后继地去开辟大自然，去探索人类社会的全新价值，比如哲学家康德，尽管他的思考始终走在时代的最前端，但内心深处并没有空虚。他一直在提出一些崭新的概念、范畴和逻辑，但是他并不孤独，他富有人情，对这个世界充满热爱，因为他想探索的是我们对人的认知能达到什么程度，极限在哪里，此岸和彼岸又如何定义。这些都关乎我们人的价值，而不是个人的成功。在他的眼里，人是没有成功这一说的，只有无穷的求知。

在当今，定义中的成功，是和别人相比，做人上人。但真正的思想者、攀登者，他的内心深处充满了对这个世界的探索欲，慢慢地，他对世界饱含深情。而有些追求成功的人，会变得像一把刀一样狭窄而锋利，对别人都是伤害。就像电影《公民凯恩》，从小强势的妈妈就把凯恩送到纽约，逼迫他在所谓的成功路上奋斗，赋予他各种好资源，最终他变成传媒大亨，几乎可以操控一切，甚至美国大选。他盖出来的宫殿就像是古埃及的辉煌金字塔。但是，他的成功里不包括爱情。

我们经常说"恋爱成功"，但这并不好，恋爱是没有"成功"的，它是一个自然的状态和结果。两个人的恋爱，是由双方的过去、现在、知识能力和精神面貌共同构成的，更重要的是他们的未来。他们未来要去开辟什么？是这个社会中大家追求默认的成功呢，还是两个人能看到的新生活？在新生活中，两个人可以相互打开，在互动中感受到对方的期待、对世界的期待、对新的价值的期待，一起拒绝人们千篇一律追求的东西。

凯恩的爱是量化的，他以为用自己的财富，让女孩唱歌，成为著名演员，甚至给她盖歌剧院，就足够了，但他一生都没有得到过真正的爱，没有得到过心里渴望的那朵玫瑰。他的情人苏珊最终还是决绝地离开了他。

这就是我们应当理解的成功与快乐的关系。你必须先定义成功，定义你的追求：财富、地位、外人艳羡的目光……然而这些都是外在的，这就是为什么有人获得了成功，却仍旧不快乐。

除了上述理由，从社会意义上说，很多人追求成功，其本身就是一种苦难。

就我所认识的人而言，真正能感受到快乐的人，他需要有很深的人文素养，他能感受到万物生长，感受到万物有灵，知道这并不是一个机械般的世界，不是一个冷冰冰的物欲世界。

复旦大学的学生们把学校的文化总结为"自由而无用"，这种文化表达的深层含义，正是不追求世俗的功利，把生命真正投入为国家、为民族、为社会、为普天下做一点儿事，而这件事可能对个体没什么用。也就是说，一个人要有探索精神，不以成败来制定自己的人生规划，这就需要他拥有梦想，而不是像加紧的齿轮在飞快地旋转。

我很喜欢卢梭的《一个孤独散步者的遐想》，就像一个人走着走着，他能体会到很多，而不是整天在忙着挣钱，忙着争权夺利，正是这种无用的东西，让一个人能体会到别人不曾体会到的。比如，卢梭很关心自由这个问题，自由不只是一个宏观的话题，也是一种具体的、关乎细微之处的内容。

因此，我们在今天看待成功，需要明白成功的概念是什么。以往的匈奴、蒙古骑兵，他们认为的成功就是骏马、美酒和女人。每个时代都有每个时代的成功观，而在这个时代，我们应该拥有什么样的成功观呢？我认为，一个人的成功既包含着实现，也包含着失败，因为今天是一个探索的时代，中国从农业社会大幅度转向现代社会的过程中，有大量的空白，同时，也严重缺乏现代性的经验。很大程度上，我们活得千篇一律，因此，需要非常广阔地打开，需要每个人自己去探索生活，把可能性释放出来，这样就能带来整个社会百花齐放的局面。

可能性里包含着非常多幸福的实现，但同时也包含着失败，但是失败中也有很高的试错价值。中国现在进入了一个想象力时代，谁敢于想象，谁就拥有活力。

我一直在说，我们正在推进中国社会的城市化、中产化，以及青春化。所谓青春化，就是把每个人的潜力、想象力、勇气以及激情都打开释放，这个过程就是幸福，每个人都有独一无二的人生，有他的探寻和道路，那就很好。

所以，我们不能把成功变成外部的评价，以为旁人的羡慕和赞美就是成功。一个人一旦建立起自己对自己判断的能力，自己定义自己成功的能力，那就很了不起。我很担心，二十年后会出现大批"年轻的老人"，因为他们在年轻时没有好好地打开，走的是随大流的路。二十年后的新一代，若他们有崭新的风貌，这时回头一看，才知道每个人的活法是千姿百态的：当年的自己怎么就没有好好去尝试呢？

这一代的年轻人，可以找到身上的力量，用长远、开阔的眼光去做选择，这样才能走出狭隘意义上的成功，获得真正的价值内核。

什么是幸福？一道并不简单的选择题

我们期待幸福，毕生追求幸福，但是什么才是幸福呢？是忽然领悟了生活的真谛，还是得到意外之礼，找到了一份好工作？毕竟这些都是我们常有的期待。对于幸福这件事，全世界的思想家、哲学家、社会学家、心理学家等已经谈了很多，例如哈佛大学著名的幸福课，就很有影响力。

我理解的幸福，是一个过程，我们一生都会遇到一些形成我们的幸福观的事情，它们无形中融化在生命里。很大程度上，幸福是我们对生活的理解，我想分享几件形成我世界观、幸福观的事情。

第一件事，是我在西安上小学的时候。我就读于军队院校的附属小学，二年级时，从上海来了一位教语文的孙老师，她说新婚以后有一次跟丈夫去国际饭店吃饭，庆祝一下。那里的西餐做得很好，进去后她的心里有些紧张，毕竟那里是高消费餐厅。吃饭时，她注意到旁边来了一位浑身珠光宝气的女人，只点了一份小阳春面，气定神闲地吃着。孙老师很感慨，这样富贵的女人，却吃得那样朴素。

我那时候很小，但我好像明白了些什么。很多时候，人不要看别人的眼色，要自己做自己的主人，尤其是心理上。如果觉得餐厅那么豪华高档，女人那么富贵逼人，那自己就矮了一截，没什么意思了。一个人的一生不幸福，有时候是因为受到外界的压制，觉得自己的档次不高，但这是不必要的。人生要自由，要从容，要肯定自己，也就是哲学家黑格尔所说的"主人状态"。

我的研究生们有时去一些豪华的地方参加活动，我告诉他们，脑子里一定要有一把螺丝刀。到了一个地方后，别看它金碧辉煌，只要你拿螺丝刀往墙上使劲一捅，里面还是水泥，它和普通房子都是一样的。所以，不要被那种表象给吓住了。

第二件事，是我到云南插队的时候。那时我们什么都不会，不会种稻、种菜，我们在河边有好大一块自留地，什么都得从头学起。最后我们把菜种出来了，吃着自己种的菜时，感觉很不一样，自己劳作所得的食物特别香醇，特别有滋味，比买来的好吃多了。那一刻，我体会到人生的幸福，它有很重要的一个内核，就是它是我劳动得来的，是自己创造出来的。

后来有一年，我去黄山，体会更深。黄山有索道，可以坐上去，但我还是想一步一步走上去。尽管那是个夏天，我热汗淋漓，浑身疲惫，但是登顶之后，鸟瞰远方，觉得特别舒畅，因为那是我一步一步地走上来的，我能深深感受到自己的力量。你坐缆车上来是幸福吗？那是快乐，是高兴。但是如果是走上来的，那就是幸福，因为我们能用自己的力量沉浸在山水之中。凡是投机取巧、不劳而获的，都不是真正的幸福。

高中时我要去农场劳动，农场在山坡上，如果沿着公路绕上去，大概要走二十分钟，但有一条捷径，需要穿过一片墓地。我有点儿害怕，又有点儿羞愧，硬着头皮从墓地穿过去，一开始的确吓人，后来我察觉到也就那么一回事，克服了最初的紧张之后，也就习惯了。世界上最大的恐惧是恐惧本身，之所以恐惧外部的事物，其实是内心有恐惧的本能。面临各种选择时，我们往往选择最安全的那条，选择让我们觉得轻松愉快的那条，我们害怕走错，尤其是害怕孤独、凄清，还有我们幻想出来的恐怖事物。我们的生活有很大一部分是被恐惧占领的，所以要有一种清醒和勇气，穿越那些本来就不恐怖的路，这时我们心里的暗区就会挥洒着幸福的光亮。

我认识一家鲜花店的男主人，他长得很文静，把花收拾得特别美，对顾客也非常有礼貌，这样的人我在世界各地都见过，他们非常值得我们去学习。做人不是做给别人看的，不要等待别人的夸奖，而是求自己的心安理得，心里头干净，这就是幸福。

前两天，我和我的三个研究生一起吃饭，他们现在都是很优秀的创作者，尽管他们经历了毕业后四五年不太容易的阶段，但现在都好起来了。我很喜欢他们说的话，他们知道自己该干什么，不会东想西想，安安静静地做自己的事情，把选择变得美好，这就是幸福。

最后一件事，关于我的父亲。有一次他在厨房，让我把菜刀给他，我提着进去，他看了一眼说："你要把菜刀把递给我，这样我才方便。记住，做什么事情，要先想到别人方不方便。"那时我还很小，但这句话记得很牢固。

幸福是相互的，在期待幸福的时候，不要只考虑自己，还要考虑他人，因为在帮助他人的过程中，我们也会收获幸福。

有一次我跟一个即将毕业的女孩一起坐电梯，我问她去哪儿工作，她说她原本考上公务员了，但决定不去了。我问为什么，她说："我想去报社，做一些专题采访。您上课的时候讲过，人的一生要有一点儿追求，而不是只看待遇。我后来仔细一想，决定还是去做一个记者。"那一刻我很感动，在这个世界上，我们彼此真心相待，说真心话、做真心事，相互传递力量。

这是我对幸福的随想，我以为不必把它说得很复杂。归根结底，幸福不是一瞬间得到的，它是年复一年、日复一日，不断地被启发、去体验的过程。

第二章

打破有职业无事业
以发展竞争创造人生价值

什么是事业？事业是自己喜欢做的事，同时又具有社会的、时代的价值。事业不分大小，内心热爱就好。事业的背后，是属于自己的劳动。劳动发自自己的本心，是生命价值的认定。

什么叫职业？职业就是一份养家糊口的工作。很多现代人。每天奔波，都被钟表统治，到了时间就老老实实去挤车上班，干自己不走心的活儿。这样的活法很累很焦虑，每天都盼望过周末。

我们如何去找到自己的事业？这方面有很生动的例子：英国苏格兰有位肖恩先生，他最喜欢的事，是到处搜购旧书，开了一个名叫"书店"的二手书店。这书店开在偏远海岸，却吸引了很多人前来寻找珍爱的书，竟然带火了书店所在的小镇，每年都热热闹闹举办图书节。肖恩先生还写了好几本"书店故事"，登上销售热榜。

这位旧书店老板的故事告诉我们：年轻人要努力拥有自己的事业，这才是真正的生活。当然，年轻人赤手空拳，刚进入社会，很难一步到位去找到自己的事业，往往都是先工作，工作中逐渐体会自己热爱什么，然后在不断的尝试中摸索到自己应该做的事。

　　一个人，一辈子，找到了自己喜欢的事，而且能够将之变成自己的生活，全身心地投入，那是多么温暖的生命旅程！

我精致，我是打工人

这些天跟年轻朋友聊天，听到一个新词"打工人"，网友们还制作出了各种令人捧腹的表情包、语录，比如："打工你可能会少活十年，不打工你一天也活不下去。""生活里80%的痛苦来源于打工，但你要知道，如果不打工，就会有100%的痛苦来源于没钱。"年轻人用生动的语言自我嘲讽、自我鼓励，但我们不能仅仅停留在这个地方。

"打工人"的存在，说明了很多年轻人处于有职业无事业的状态。职业就是你的身之所在、天天干活的地方，事业就是你的心之所往、追寻的理想生活。很多年轻人过着自己不喜欢的生活，没有幸福感、价值感。

人若有事业，会是一种很有神的生活，这样的状态能通过他的眼神看出来。我在日本工作时，见过很多旧书店的老板，他们喜欢看书，和顾客有很好的感情关系。回到上海后，有时我去新华书店，会觉得某些店员跟卖猪肉的店员差不多。倘若卖猪肉的工资更多，他们会立刻离职。

一个人有没有事业，其实很容易衡量，就是看他做的事情是不是很容易被替换。有些人只要工资多一些，他马上就会换岗。这样的人像一个万金油，没有内在精神，也谈不上有幸福感。

为什么会有这么多人处于有职业无事业的状态？我觉得有三条。首先，这一代年轻人都是从改革开放后的高潮中成长起来的。这是一个工业化时代，社会财富大规模增长，分工变细。我国有五百多种工业门类，年轻人被分到各个不同的专业里，进行不同的流水线作业，而很多人是被推进去的，他们对此也谈不上热爱。而有的产业还没有成熟的产业文化，比如中国汽车出口量在全世界排名第一，但我们有没有很好的汽车文化呢？身在这个产业的人是不是就爱汽车产业呢？因此，在追求合理化、效率化的过程里，人只是一个生产单元。生产线的特点在于，一个人将前面来的东西组装起来，再交给下一个人。它是怎么来的，你不知道，后面去哪儿，你也不知道。人是单面人、链条上的断片，这样就是很难确认自己的价值，能确认的只有收入多少。

第二，年轻人都是在竞争中长大的，所以相对的价值多，只要能比对方好就行，但为什么要好，为什么要追求一百分，或许他不知道，也不喜欢，只为了确认自己比他人好。他在这样的激励机制里面长大，在这样的价值体系里工作，到底爱什么，或许没有想过。

第三，从中国传统理论上说，父母为孩子付出了一切，反过来说，孩子面临选择时，也往往为了父母的幸福而做选择。这种相互的关系有好的一面，但也造成制约，很多孩子在选择时没有服从内心，而是服从了父母的愿望。所以，有职业无事业的生活很累，本质上是一个人身上背着两种生活，一种是负担，一种是理想，两种加在一起，沉重不堪，更难以承受外部对自己的否定和压力了，所谓诗和远方，都是遥不可及的梦。

年轻人要怎样去获得自己的事业呢？事业都藏在梦想里，而每个人的梦想都不一样，没有标准答案，但事业绝不是千万人去追寻同一个东西，过同一条独木桥。这样的追求，只能有一个成功者，其他都是失败者，他们就不会有什么事业了。人们生活在一个有差异的世界，当然就不是按部就班地生活，看到大家喜欢什么自己就去追求什么，而是本身有自己的热爱。

有人会说，梦想是富二代的事情，没钱的人只能打工。但是有梦想的人，打工也打得不一样，著名摄影师邓伟从摄影专业毕业，梦想给全世界的领导人拍照。大家觉得太可笑了，领导人谁理这个小平民？他给全球的领导人写信，无人回信，即便几个回信，都客气地说没时间。邓伟想办法前往英国伦敦打工，在洗衣房里熨衣服，他熨了一年衣服，挣了点钱，前往新加坡找李光耀。李光耀曾拒绝过他，他亲自前往，写了封信递进去，说他还是很想给他拍照。李光耀有点感动，让他进来了。邓伟进去后，一句话也没说，让李光耀站在走廊窗边，他抓紧时间拍了几张。洗出来的照片中，窗外投射的光照耀着李光耀严峻的脸庞，体现出政治家面对困局时坚韧的品质。后来邓伟把这张照片寄给别国的领导人，大家看后都大吃一惊，开始愿意让他拍。最后他出版了一本拍摄世界各国领导人的摄影集。

在这个时代，机会很多，空白也很多，就看你有没有梦想了，敢不敢把向往变成实际追求，能不能将职业和事业结合在一起。

当社会向前发展时，会涌现大量的新需求，你不能只看到现实没出路而放弃，更要对新需求做好准备。

中国人一百多年来最大的教训就是没有做好准备。改革开放后，很多人没有准备，但那些在"文革"中坚持学习的人，却能在其中释放出能量。此前人们毕业都去国有企业，谋求所谓的"铁饭碗"，但没想到国家提倡市场化改革，有人在原有的铁饭碗里不愿尝试新事物，处境不太好的人却敢于抓住机会去办工厂。

如今，全球化来了，催生着更多新事物，比如我国出版社就很缺乏做国际版权的人士，这就是空白。再发展十年，会有更多空白，更多新事物。

天地之大，容纳百川，你可以去往你最想去的地方，这是时代给每个人的机会，就看你给不给自己机会。但是你绝不能以为一切都一帆风顺，年轻最大的财富是时间，最大的底气是能试错。

我以为，一个年轻人应当在三十五岁以前把该犯的错统统犯了，然后才会知道自己到底适合什么样生活，到底应该做什么。在试错的过程中，我们能体会自己的内心，再去改变。心的变化会带动你面对的世界的变化，看到的世界也会不一样。

上班如上坟？如何找到热爱的事儿

在互联网行业，员工跳槽是很普遍的，如果能在互联网公司连续工作三年，那么这个人都能算老员工。而有人干得好好的，收入也还不错，但就是觉得不开心。

根据我对年轻人的理解，他们还是希望过一种理想的生活，这种生活不能用高薪来代替，也不能用对行业的评价来替代对生活的评判。这和以往的时代不同了，以往大家是遵循干一行、爱一行的。我们是要用内心定义生活和工作呢，还是要用社会声望、收入去定义呢？这都是个人选择。

对我而言，每个人的爱好有本能性，因人而异。如果热爱变成了一生的工作，这对一个人来说，他的生命完成度相当高，因为他不必忍着那么多内心的痛苦，受难般地去工作。我曾接待过一个耶鲁的女博士，是爱尔兰后裔。研究历史是需要下苦功的，但她觉得跟玩儿一样，她就是喜欢历史，喜欢跟历史上逝去的一个一个灵魂相遇，探寻他们的生活细节跟如今的不同之处。再比如著名的街拍摄影师布列松，他性格温柔，当兵时长官给他的评价是"这个人生性懦弱，一生终将一事无成"。后来因为一次意外，一个有钱的亲戚送给他一台莱卡相机，拿到相机的他瞬间不一样了。正因为他性格温柔，即便他拿着相机靠近别人，也没有胁迫感，所以能够以自然的状态完成瞬间的拍摄。

这就是热爱，越喜欢一件事情，做这件事情就是幸福的，热爱会改变一个人的人生。人有自己的本色，按照内心的热爱去生活，以此定义人生，让生活极简化、轻量化，把最重要的东西放到最大，投入最大的资源、最多的时间，这样的生活状态是不一样的。热爱隐藏着巨大的生命奥秘，隐藏着潜意识里渴望的东西。或许有时你也不太明白为什么感觉生活不对劲，那是因为你内心深处有种东西想生长出来，但是你压抑着它，所以你觉得浑身没劲，身心不协调。

但我们很难一开始就将热爱变成工作。因为你还不知道你热爱什么，所以必须先工作，在磨人的过程中发现自己，不断地尝试，体会甜酸苦辣、朝九晚五、形形色色的事情和人际关系。工作存在于生活之中，不同行业、阶层的人聚集在一起，最后你会发现自己的热爱，同时也会感受到人间生存的不易，人人的无奈和艰苦。因此，我们的热爱就有含量了，那么它能对我们的社会提供怎样的温暖？对劳苦的人们有怎样的情感价值？未来有怎样的发展价值？这时你的热爱就有核心点了。你做的事情不仅仅是个人喜欢，更在于你由此获得了价值。你要追求这个价值，找到跟千千万万的人的一种连接。

如果你只是为了自己生活得好一点儿，怎么活都无所谓，那也真的无所谓。这个世界上多你一个人不嫌多，少你一个人不嫌少，做与不做都没关系。很多人也曾有过热爱，但遭遇挫折就放弃了。追求很容易，放弃也容易。但什么叫热爱？热爱是永恒的。永恒又从何处来？它来自你在工作中看到这个世界有很多需要去改变的地方，看到了千千万万的人的情感需求、文化需求、经济需求。在需求中，你明白自己可以做点什么，于是，你的人生就有了定位。

工作会让你打开，有新的体会，强化你原来埋藏已久的喜欢，或者引发新的热爱。所以当代很多人都需要断舍离，因为真正单纯的人、知道自己热爱什么的人，那自然就断舍离，自然就极简化，在社会和个人之间找到了连接。

1993年，华人朱威廉在美国毕业，从事金融业务，年薪一百多万美元。但他非常热爱文学，回国后在上海用自己的资本创办了"榕树下"文学网站。我见过他，为人温和，把钱都砸在文学上。"榕树下"招募了一批热爱文学的人，包括一些在当时就年薪二十万的有识之士。他们知道自己在做什么，并且经过了生活的历练，最终确定下来。

人要做自己的主人。但首先要在社会中锻炼，成为自觉、自明的人，这时才能真正成为自己的主人。无论做什么选择，都要像主人一样去做决定，而不是屈服于外部的原因，例如薪水多、声誉好、评价高等。不然,别人才是你的主人。

当你刚从学校毕业,需要生存,工作是必要的。但你在工作中也在逐步提升,同时也会意识到:在工作之外还有更重要的东西,那就是通过工作,你发现这一辈子喜欢跟什么样的人在一起,共同做一件事。人以群分,一群充满热爱的人聚集成一股力量,聚集成一种生活,聚集成一种追求,这个是最重要的。归根结底,人生其实是人和人之间的感情连接,大家一起去寻找事情的价值。

未来的社会是社会性发展的,它不是从上而下指定发展的,而是由下而上发展的,因社会的活力而不断发展、调整。在这样的背景下,按照热爱去工作的人越来越多,不同的人也在互联网中聚集起来,个人的生命才能通畅。

裸辞需要什么样的智慧

我看到一个很有趣的话题："每天一个辞职小技巧。"比如：领导夹菜你转桌、领导敬酒你不喝、领导喝水你刹车等，听上去很幽默，但这也是一个比较沉重的话题。

辞职是一个很普遍的现象。一份社会学调查报告显示，我国青年第一份工作的平均在职时间逐年递减，80后是三年半，90后缩减到十九个月，95后往往只在职七个月，裸辞的现象越来越多。

现代生活中，人很难一次性找到适合的工作，第一份就职的工作大概率上不合适，因此，你发现了内心的需要，这种辞职是有价值的，而非冲动性的辞职。冲动性辞职是无理性的，看起来很任性潇洒，实际上是人生的某种碎裂。英国作家劳伦斯在短篇小说《无独有偶》里写过，一个三十多岁的人坐在写字间里，老板拿出一沓文件给他，让他下班前整理好，但文件太多，他觉得很烦躁，本来工作就是每天熬日子，现在离下班时间也不太长了，他脑袋里轰的一声,决定从办公室里悄悄溜出去,到一家酒吧喝酒。等他回到办公室,老板怒气冲冲地大声斥责他,他也朝着老板大声地说:"我不干了!"便辞掉了工作。他不知道接下来该做什么,又去了酒馆喝酒,大声说:"今天在座的,你们的酒钱都算在我头上。你们尽管喝!"他其实也没多少钱,最终只好把戴的表给了老板。这是他人生的高光时刻,潇洒了一回。等他回到家,家人们饥肠辘辘,等着他买回面包,而他两手空空。

这种冲动性的辞职,并非对自己有好的自我认知、社会认知,而是对自己的不尊重,对自己的放弃。

如果你只是因为人际关系不好,或者收入低想换一份工作,或许你可以再考虑考虑——工作是不会那么理想的,总有各种各样的矛盾艰难,如果你想通过换工作得到特别好的工作,概率并不大。你要知道在原来的公司,你的各种不适,实际上是你的必修课,要学会在有难度的工作里生活。

要知道这个世界不是为你而设计的,不是为你而诞生的,遇到不适应的情况很正常。我们要有对自己的预期,不能理所应当地觉得自己在这个世界就要风调雨顺,一旦出现不顺,就是外部世界的不对。

但是,最近尤其是95后的裸辞也分两种。一种是彻底不能继续原来的工作了,觉得没有意思,学不到新东西,而且有被剥夺感,于是想要辞职,只是没找好下家。我有一个在北京的研究生,一开始工作还可以,后来觉得自己在这里发展余地不大,于是就要辞职，只是他没找好下家，也不知道要去干什么。家长不同意，认为既然如此，生活费就不给了，让他自己解决。我觉得他释放出某种内心能量，探寻真正想做的事是很珍贵的力量，是一种突破了社会常规的激情。我支持他的裸辞。

偶尔我会动员父母们，让孩子啃上三年老，因为青年的生活是不连续的，不能说工作一年，他们就明白了自己想要什么，毕竟他们往后还有几十年呢。自己到底适合干什么，需要一个空白期去考虑、尝试。在这个过程里，确实会存在没有工作的情况，即便有，可能也是应付了事，因为家庭和社会对裸辞的容忍度非常低。传统社会要求循规蹈矩、按部就班，有一份稳定的工作就好，但年轻人有时候就是要做点不合理的事情，随着年岁增长，就能活得符合社会的常规了。年轻人要容忍意外，在意外里面，你可能会发现不一样的东西，不然就会把生活活得像个账本，算计得失。

美国作家麦尔维尔在《白鲸》里写道，捕鲸船上的船员发现亚哈船长遇到那么多鲸鱼不捕，遇到那么多赚钱的捕捞不做，一个劲地追赶，好像在寻找什么东西。大家意识到不妙，原来他要去找大白鲸报仇。船长把船员召集起来训斥，说："你们都是只会算小账的人。"

很多人一辈子就在算小账里生活，辞职却是一笔生命的大账，是要去追求内心的价值，追求本质性的东西。生活像一本小说，有起伏、因果，倘若你以辞职为起点，去开创新的因，你就不在原来的逻辑里，而是打开了新的情景。在这个过程里，你可能释放出很大的力量。

话说回来，我并不是说所有的裸辞都是好的，比如刚才提到的冲动性裸辞、挫折性裸辞，我都是不赞成的。我赞成的是，为了寻求改变和成长，为了寻求新的生命亮度，我们辞职去探索。如果父母能理解你，社会也理解你的话，整个社会打开的可能性就很大。年轻人一定要活给自己看，最可怕的就是不给自己机会，把自己消灭掉。

我希望年轻人在辞职甚至裸辞时，是微笑着去跟过往告别，而不是怒吼着离开的。这样你就很从容，跟这个世界不是扭曲的关系。你跟世界应当是热烈、友好的关系，因为你爱它，所以你辞职，要换一个方式去拥抱世界，这就很有青春的气息。

年轻人如何搞副业

根据一些智库调查机构发布的报告，比如《2019年两栖青年金融需求调查研究》指出，全国年轻群体中有主业的人，做兼职的已经超过了8000万，其中高学历人群占大多数。此外，65.47%的兼职青年，正打算把兼职变成主业，这是一个很有意思的现象。

年轻人热爱搞副业，我心里还是有一点儿感伤的。一个人在世上最幸福的事情，莫过于他正在做喜欢的事情，同时时代和社会又很需要他去做，把两者结合在一起，那么他会活得非常透亮通畅。当今年轻人一开始就能把职业选对的概率并不高，尤其是毕业生面临的现实是他们选择的余地不大，是社会在挑选他们，而不是他们挑选社会。他们没有资本建立自主性，在被选择的状态下，只能接受将就的生活。这意味着很多年轻人心有所爱，但又身不由己，一个人身上扛着两份生活。

很多近现代小说是关于寻找、自我探索的故事。毛姆的《刀锋》，索尔·贝娄的《晃来晃去的人》皆是如此，这是20世纪开始文学作品最大的主题，反映的是普遍生活的共同性。

因此，我们面临的第一个问题是，要做一个清醒的生存者，而不能做盲目的斜杠青年。盲目是用副业来逃避主业，用另外一个觉得更喜欢的东西去释放压力。但首先要理解的是，你喜欢的东西不可能那么早被确定，它需要探索，往更高的水平攀登，达到一定的程度，你才能说："我喜欢这个东西。"

几十年前，中国在新疆地区寻找油田，一直在那里钻探，理论上说应该有的，但一直找不到。20世纪80年代末、90年代初期，中国引进了外来技术，原来只可以钻进地下四千米，如今能钻进六千米，没想到那里有几千亿立方米的油田，解决了我国很大的能源问题。今人也是如此，要挖到足够的深度，才能有所收获，才能获得成就感和价值感。很多人一辈子没有达到很好的专业化水平，所以活得不幸福，活得被动，因此才需要坚持。有一句古话："不怕样样都会，就怕一手精。"专业只有积累到一定程度才能自由，而积累是需要时间、需要聚焦的，你的人生要有专注的聚焦能力。

如今还有很多业余的人做着专业的工作，所以他们很累，因为知识不够、经验不够，归根到底是专业性不够。如果你喜欢它，就要把全部的生命投入进去，把业余变成专业化的东西，这才是认真的态度，否则你一辈子都不可能抵达精美的意境。既然要做斜杠青年，就要斜出专业化来，斜出创造性的能力来。

爱因斯坦出生于1879年，1902年，他去瑞士伯尔尼专利局工作，一开始只是低级的专利人，要逐年升级。但他感兴趣的是学习关于光、热等物理学知识，他年轻时经常想象：一个人如果以光速运动，他会看到什么？尽管在专利局工作，但他脑子里只想着这件事。在业余时间里写出相对论，那是1905年的事情，相对论改变了整个物理学界，然后他就专职去做科学研究了。爱因斯坦从工作中"斜"出去了，斜出了伟大的发现。

再如《明朝那些事儿》的作者当年明月，2000年去佛山海关驻顺德办事处工作，工作之余，他热爱历史，发现网上关于明朝的事情写得很随意。当年明月认为既然明史能广泛传播，说明很多人都想了解这段历史，于是他想自己写一写明史，便在天涯社区发表了《明朝那些事儿》，这部作品很受欢迎，迅速获得了一大批关注者。

所以，我并不排斥做副业，只是建议大家要做一个自觉的斜杠青年，有点历史发展的眼光，关键是要朝前看，同时看到自己的内心，喜欢什么，社会的下一步发展需要什么。没有这样的眼光，你的副业将是非常封闭、感性的，看起来很实用，但衰亡期很快就会到来。若只是挣点钱，那就浪费自己了，因为你将疲于奔命。英国的格拉斯哥原是个老工业城市，后来随着社会的发展、产业经济的变化，城市衰落了，一度非常挫败。后来这些城市热爱艺术的年轻人，例如热爱吉他、摇滚的年轻人忽然间就释放出来了，但在之前，他们都是不起眼的边缘人物。十多年后，格拉斯哥转型成了英国音乐之都，出现了大量的新型音乐组织。如今，整个英国乃至欧洲大量的音乐资源聚集到格拉斯哥，正是因为那些年轻人走出的第一步。

如今，我们人均GDP突破了一万美元左右，这是美国、日本等发达国家20世纪七八十年代的水平。当社会再往前发展，将会发生什么变化呢？比如汽车产业、社区改造、艺术空间、品牌发展等，将其中部分放大，可以细化出大量的分类，这些都是可以去打开的地方。我们可以去跟美国、日本等发达国家对比，有的是注定不会出现的，因为和文化逻辑有关，但有些东西是必然会出现的，比如我特别相信阅读这一部分。尽管如今是碎片化阅读时代，但经历了浮躁的阶段之后，人们将会正本清源、自我沉淀，长时间的深度阅读将会变成刚需。

我们既要看到中国特有的发展情景，也要看到人类的共同性。往前多看几步，判断你是否需要坚持原来的主业，深化它，变得更专业，获得幸福和自由，获得发现。或者认认真真去做副业，把副业变成生命的主阵地，转移你的内在创意。

当孔乙己决定脱下长衫进厂

做一个在写字楼里用脑力工作的白领，在一些年轻人看来是一份令人疲惫的工作，不仅费神，而且工作压力也特别大，于是他们就想去做体力劳动——只为了生活过得简单一点儿。比如，我认识的一个硕士自考专科，准备去当一名厨师；也有我认识的女同学从大公司辞职去做保洁员，此外还有很多人去做送外卖、开网约车的轻体力兼职，尽管身体有些疲累，但精神特别放松，没有那么多需要费脑子的事情。

其实我们对人类生活常有误解。写字楼那么光鲜，每个人穿得那么体面，神色自若地进进出出，但他们从事的脑力劳动都是非常疲惫的。我想起王尔德在《道林·格雷的画像》里说过的，费尽心力搞创造的艺术家和知识分子，都有一个特点，就是长得特别丑陋，仿佛枯萎了一般。为什么呢？因为他们太消耗自己了，耗费心力和精神，于是他们都逐渐枯萎了。这个世界就是这样，鱼和熊掌不可兼得。

因此，有人就想离开写字楼去做体力劳动。但什么是体力活呢？多年前我在云南高黎贡山傣族的村寨当知青，在那里做的体力活是很多人都吃不消的：我们要背几十斤捆好的稻谷，攀上竹梯堆到高高的稻谷堆上。后来我还做过两年零三个月的电工，但不是那种需要爬电线杆的电工，而是修理机床、汽车电路的电工。

所以我深有体会：在工厂的体力劳动是一种技术活，它最大的好处在于员工可以定点上下班，而很多写字楼里的白领遭遇的苦恼是996、加班。此外，比起体力劳动，白领们还要承担沉重的精神负担，它真正反映出的是我们生活的压力的确很大。而更深层次的原因在于，很多人依然处于有职业无事业的状态，他们工作只是为了满足生存需要，而不是以热爱为基础的工作。世界上最大的苦恼也莫过于此：明明不适合，却还要费尽脑力去做这件事，还要做得令人满意。所以他们觉得，算了，去做体力活吧，简单直接，不必每天费神费力、钩心斗角了。

只是，单纯地从事体力劳动也并非一个简单的问题，它更涉及心灵的回归。作为长期的体力劳动者，进化就是在我们的体力劳动里发生的，所以体力劳动形成了我们的一种心理结构，一种潜意识。在这其中，我们获得了人类和自然之间的紧密依存的关系，我们认同的逻辑是种瓜得瓜、种豆得豆。

而在高度分工、层层叠叠的大城市里，每个人都是被具体分工的，正如德国思想家马克思·韦伯所说，每个人都是科层制中进行分工的人，合理化、效率化就像是传送带上一个小小的区间。

如果是这样，每个人做的事情的价值在哪里呢？我们看不到播种，也看不到收获，我们只是其中一个小小的片段、小小的碎片，很难体会到生命的落脚点在哪里。我们只能看到最后的收入是多少，然后再用收入去购买别的商品和服务，也就是说，我们的生活都是被各种分工所支撑的。

从某种意义上说，很多人都是悬在半空中生活的。也因此，现在越来越多的人喜欢做手工，哪怕编织一双袜子，雕刻一个小泥人，都能在其中体会到生命中那些完整的、有灵性的事物在彼此呼应。他们在下沉的体力劳动中获得朴素性，这是一种古老的、人类原本拥有的朴素、简单的感知，也会对当下的社会有更深刻的认知。

在社会的金字塔中，体力劳动往往是比较底层的，而底层的人群是最庞大的，人的一辈子如果只在狭窄的地方生活，没有体验过真正的人间烟火，那是很遗憾的；而在体力劳动中，人们会找到非常宽广的人生体验。或许你去做体力活只为了放松一下，但你会品尝到人间冷暖，激发出对生活全新的认识，能看到自己做别的事情的潜力，拥有原来不曾拥有的知识和经验，最后你的长期人生规划和这个社会重新进行贴合，你不再是一个悬空的人，你对自己的价值判断有了全新的认知。

从这个角度看，如果一个写字楼里的白领决定去转一下场，干点体力活，跟千千万万的朴素劳动者们聚在一起，这并不是什么坏事，而是一种探索，也是时代所需要的。

但如果是另外一面，你只想逃避，觉得工作太辛苦、太消耗精力了，干脆从事简单的体力劳动，觉得那是一种解脱和回避。在这样高度竞争的生活方式中，我以为这样做是非常短见的，对自身的成长没有任何好处。初期，你可能会感到轻松，但随之而来的是无限苦恼，为什么呢？因为你是用一种弱者的心态让自己下降到一个能够舒展的生活中去，但是生活毕竟是需要想法、需要精神的，你很快就会觉得这是一种循环，它毫无变化。

歌德的小说《少年维特之烦恼》里写过，他看到的农民的生活是日复一日的，生活被高度地统一化，尽管他们勤劳、淳朴，但其中也透露出一种不耐，这种不耐逐渐变成巨大的压力。十几年前，很多大阪、东京的年轻人高强度工作，觉得很是疲惫，后来他们还乡了，当了农民。那时日本农民的收入还是不错的，因此这些年轻人感到很放松、自由，不再被严苛的时间表所压迫。但就在近几年，日本社会出现了新情况：一些年轻人又回到了大城市中，一方面是经济形势不好，农业的收入正在降低，另一方面是生活不断重复，他们感受到一种精神深处的寂寞。

刚回到乡下的年轻人能建立一个崭新的平衡，天高地远，感觉良好，万事万物都那么简单可爱。只是，这个世界的内在规律就在于它的不平衡。获得短暂的喘息之后，心情平复，人心成了死海，渴望着变化、舒展。在简单的劳动中，如果你没有长远的打算，没有丰富的创造性，你就很快会进入到循环往复之中，这山望着那山高，那就很成问题了。每一座山有每一座山的风景，每一行有每一行的艰辛与门槛。当你还是白领的时候，如果你再努把力，再往前走一步，也许你就能在职场中获得新的变化，拥有不一样的心境，产生新的自驱力、发展力。倘若你恰在此时去做体力活，在新的转换中，你能做好新的工作吗？你的价值体现在哪里？你并不知道，你只想获得轻松，获得下沉，我并不觉得这是一个好选择，你也很难胜任自己的工作。

所以，不要逃避，我并不是说从白领变成体力工人不好，而是说在这个过程中，每个人都要有自己的谋算，有自己的发展需求，能看到未来。我曾经给一本《凡·高传》写过万字前言，提到过我的一个感受，凡·高出身显赫，家族在欧洲经营着画廊，他本可以过得非常优渥。后来，他到矿区和矿工生活在一起，看到这些艰苦的矿工在地下几百米处挖矿，浑身都是煤炭的颜色，他很吃惊，这是一种血汗劳动，报酬却只有一点点。那时候，许多人都对矿区避之不及，但他却想在这里画画，去画那些粗糙的、艰辛的却又那么单纯的劳动者，很多贫困的人都免费给他当模特儿。在这个过程中，他是有自己的打算的。

当下的青年，活法是多样的，发展的路径也是多样的，所以要给自己多一点儿的可能性去尝试，那也是很好的，尤其是在当下国家的转型中，需要各种人聚合在一起。现代社会的全球化最好的地方在于，不同的人之间可以相互看见，不同的经验可以相互汇合，不同的生活可以相互碰撞，在碰撞中，每个人都能有全新的发现。

尝试从处理数据到体力劳动，从白领到蓝领，这不是逃避，而是新的吸收、新的打开。这不是避难就易，而是迎难而上。但我们为什么要自愿去做呢？因为这是我们心之所向，因为我们心里有价值感，在内心深处有对自我的肯定，知道自己在创造价值，从而才有高度的、自觉的主动性，这样就很好。

工资微薄，不如烧香拜佛

每逢去北京出差，我总会去雍和宫转转，这个春天我再去时，发现那里人来人往，尽管不是节假日，但也有很多年轻人在这里请手串，再拿去开光，甚至连身份证、手机也要拿去开光。世界各地都有这样寻求顺利吉祥的普遍现象。比如很多人带着孩子去参观哈佛大学，摸一摸校园里的雕像，把雕像的脚摸得锃亮锃亮的。

我看着这群请手串的年轻人，心里想：我们的年轻人都很能干，为什么要来寺庙许愿呢？他们都是传统意义上的拜佛吗？

还在遥远的1974年，我在那个云南怒江边的高黎贡山落户，做一名知识青年，山上有一座有名的华亭寺。有一天我来到寺庙中，发现寺庙里寂静无人，只剩下大雄宝殿里的烛灯亮着。我走进大雄宝殿，仰头看着高大的如来佛，百感交集。这座如来佛用慈悲的目光注视着一代又一代人，人间的甜酸苦辣、喜怒哀乐都尽收眼底，我在佛祖的目光中，脱离了日常的琐碎，思想好像上升到新的高度。

尤其在今天，寺庙给我们的意义就是给予我们异样的体验，让我们跳出日常的生命轨道，这种感受是和生活紧密联系的。长江后浪推前浪，现实生活中充满了运动、碰撞和挤压，也充满了奋斗感，但在人的心灵深处，我们又渴望着一份安顿，渴望片刻的宁静，可以有一点点超越，或者说沉淀，说得更诗意一点儿，有时候希望我们有一点点忘我。

我们毕竟是生活在横七竖八的焦虑里的。比如升学，我们每年都有研究生面试，我看着这些考生们，那么年轻，充满渴望，我只恨我们招生名额太少，能把这群复试的孩子们都招进来该多好。但这是不可能的，人类社会中的资源和需求之间必定是不匹配的，大量的愿望给人无形的压力，我们在无形的压力中体会到挫伤和抑郁。就像菲茨杰拉德的那本小说集的书名——《那些忧伤的年轻人》，在这个时候，我们多希望拥有一丝安慰和温暖的光亮，这点光亮，我从那些拜佛的年轻人的眼神中看到了，所以我觉得他们这样跟以往传统意义上的拜佛是不一样的。

同时，那也和鲁迅《祝福》里的祥林嫂是不一样的。祥林嫂的生活没有希望，她只是个无助的弱者，所以她捐门槛是为了赎清自己的罪过。当今的年轻人其实不是这样的，他们心里是有希望的，只是前面路途艰难，但他们仍旧希望自己能创造价值，所以他们来到了雍和宫。这其中有本质区别。1841年，德国哲学家费尔巴哈写下《宗教的本质》，他说："宗教的本质就是人的对象化，人内心愿望的对象化。"烧香拜佛，关键是看他将什么愿望投射给神灵。神灵是不存在的，是我们把神灵塑造出来的。一个现代的年轻人之所以来烧香拜佛，他其实是在表达他想活得更有意义一些。

一个人应该过怎么样的人生，应该创造什么，这些问题前几代古人都不会想过，因为他们的生活是被命定的。在春华秋实的农耕社会，未来是一眼看得见的，而当今心怀向往的年轻人看不见未来，所以才要群聚在一起烧香拜佛。那并不是奴隶式的拜佛，而是主人式的，他们想要实现内心的向往。黑格尔曾提出过两种人，有奴隶意识的人和有主人意识的人。有奴隶意识的人，把自己匍匐在比自己更强大的人的脚边，祈求获得一种安全、平衡的生活，尽管卑微，但是稳定。有主人意识的人是创造生活的，拥有强烈的自我意识，追求独立意志和自由价值。只是当他面对世界的时候，需要心灵的调节和安慰，那些在雍和宫的年轻人，只是压力太大了。我们可以做的，就是创造更好的社会环境，让政府实施各种公共政策，让年轻人拥有完整的八小时休息时间，得到喘息。

这个社会的确如此，在现代化的过程中，我们抛却了以往种瓜得瓜种豆得豆的逻辑，增加了不确定感和对未来的风险感。上海《新民晚报》有一位记者，曾在咖啡馆里听到一段朋友之间的对话："你最近过得怎么样？""辛苦啊，我在郊外办猪场，费劲不说，还赚不了多少钱。""那你养什么猪啊？几个月前我买了股票认购证，想着碰碰运气，借钱买了不少股票，你看现在又涨了很多。"养猪的人直摇头直叹气，对话便进行不下去了。农业社会的人，劳动逻辑跟社会发展逻辑还对得上，而现代的年轻人，可以说是第一代生在全球化时代的人，第一代进入现代社会的人，所以他们自己都有些恍惚不定。周围充斥着形形色色的高科技产品，连他自己都有些迷茫，就更难体会到生存艰难了。

在这样一个转型时代，我们不能苛求年轻人，不能用传统的观念看待他们，更重要的是要看他们的行动。比如，一个人星期天去雍和宫烧个香，星期一接着去奋斗，这并不是坏事。因为他并不是拜在神的脚下，把命运交给神，听天由命，他在雍和宫的神灵下许了一个小小的愿，就在那静静的一刻，他的人生能得到小小的停顿，在这个瞬间拥有跟平常生活不一样的感悟。

这样的感悟，我是深有体会的。除了在华亭寺，还有一年我去敦煌，走进一座四层的阁楼里，看到巨大的佛像。我等其他人走光后，默默地来到那尊最大的佛像前，静静地看着他。那一瞬间，我觉得四周无声，于寂静之中，有一个声音从心里浮现出来，这个声音说："这辈子，一定要做个好人。"简单而纯净。

我们不要生搬硬套地理解年轻人，轻而易举地下一个粗暴的结论。作为富有活力的一代人，要创造新的生活，但我们不可避免地面临继承问题，面临选择问题。年轻人可以做减法，也可以做加法，古今结合，形成当今的中国社会，安放我们的精神世界。其中，年轻人的烧香拜佛是某种意义上的选择，他们用这种方式达到内心的宽慰，这是一种现代化的转换，它仍旧是人文方式，不是把自己交给神灵，不是做一个奴隶，不是做一粒尘埃，是要做自己的主人，然后再做选择，通过历史传承下来的文化，让生命获得宽解。

离开雍和宫的时候，我回头望了望。我想起了《西厢记》，那是一个发生在佛寺的故事，然而张生、崔莺莺和红娘，他们都在寻求自己的幸福，打破传统的封建礼教，他们拥有自己的选择和追寻，最终有了大团圆的结局。那座寺庙叫作普救寺，而雍和宫让我想起了普救寺，因为年轻人拥有自己的活力，他们烧香拜佛，是为了让自己做自己的红娘，而不像传统社会中，男女之间的情谊只能靠红娘。今天的年轻人既是张生和崔莺莺，也是自己的红娘，他们在建设好生活的同时，追寻自由。

祝愿这些烧香拜佛的年轻人实现自己的人生愿望，永远向往和追寻自由，同时也有给自己做红娘的力量。我们在雍和宫获得了慰藉，等走出了雍和宫，在阳光下建设自己的生活，拥有自己的幸福，这是我的期待。

进入社会要做的精神准备

有的学生跟我说："希望在学校一直待下去，永远在这里读书。一想到即将去工作的社会和环境，心里直打怵。"可惜的是，没有人能永远在学校里待着，因此在进入社会之前，你要做好精神准备。

首先，你要进行心理建设，精神调整，做好充分准备，去面对人生的巨大变化。最重要的心态是谦卑。或许你在学校很优秀，它证明了你的学习能力很强，但在新环境中，每个人的情感、价值观、行为方式、思维方式、游戏法则都是千差万别的，当你加入进来，绝不能高高在上。真正非常能干的人，绝对是非常谦卑的。面对丰富的人间百态、广阔的大自然，他们明白自己是多么局限。越无知的人，说话越绝对。我们要对任何事情保持怀疑，毕竟你那点知识、能力是那么微不足道。

有人工作后怀着一种炫耀心理，或者说一直在维护所谓的表面荣耀，却没有真正安安心心地做好自己的工作。工作环境就是分工体系，不是一个人独打天下，你要尊重所有跟你合作的人。我特别不喜欢一个人用三六九等的等级观念看待事情，即便在社会中，你也不要自视甚高，争做人上人。不然，你会越来越扭曲。

第二，你要有坚定的意志。刚工作的你将会面临来自专业工作的压力，更新换代下，稍微停下脚步就会被追上。在工作岗位上要提升自己，专业化地建设。建设是多方位的，包括知识、技术还有观念。

第三，保持学生气，就是那种天真、好奇，渴望了解世界，对新的变化充满激情的态度。如果能一辈子保持学生气，那该多好。

但我们要如何维护学生气呢？你不要指望企业给你维护，企业是用人单位，它不是来发展你的。你若没有动力，今天的你是这个你，明天的你还是这个你，你的知识年年循环，宛如一潭死水，直到把那一丁点儿知识消耗殆尽。很多人特别注意外在，因为他的内在已经干涸，只能不停地追随潮流。他为了自己的存在感，只能把资源投入外在这样令人艳羡的地方。但对于成长一点儿帮助都没有。这不是孤立现象，世界上很多资源都被浪费了，物质浪费也就罢了，可惜的是生命的浪费。

第四，是要找到自己的热爱。热爱是当下非常欠缺的感情。我们拥有亲情、友情、爱情，但职场是合作的地方，一群陌生人会聚在一起，要对他们保持感情很不容易。那么就需要一种温度，没有温度的人和有温度的人区别太大了。

我在成都遇到一个卖保险的女孩，她很热情，喜欢看电影、小说，但是跟卖保险好像没什么关系。我问她："你做这些事没有觉得很累吗？"她说："没有啊。因为在欣赏艺术作品的同时，还能理解人。我在保险行业里，看到人的各种生存状态。我感到这是一种需求，卖保险不是要把保险推销出去，而是要为对方量身定做，体会他生命的温暖度、安全度、发展度。"即便在卖保险，女孩也能看到人间冷暖，所以在跟一些人打交道的时候，她能进入他人的内心，对方也能感受到她的热情。

复旦大学很早就规定，理工科、医科都要学习一些人文课程，这样能建立学生们对人类社会的感情。当一个人来看病，他有自己的恐惧担忧，医生在治病的同时，还要宽慰他的内心，因为医生面对的不仅仅是一具生病的身体。此外医院还有社会工作者专门对病人进行心理安抚。倘若没有热情，这样的工作要如何进行呢？

现在流行"摸鱼"这个词，而多少人的生活被"摸鱼"摸坏了。如若工作不合适，那就赶快离职去做喜欢的事情。职场是你的生命，你以专业安身，用收入保证基本的物质生存，安身以外更重要的是立命，建立专业的发展，也建立自己对世界的热爱。

有人热爱大房子，热爱钱，热爱享乐，但没有学会热爱社会、热爱人。我有些感叹，现在很多人顾及他人的能力越来越差了，一个人若不热爱世界，不热爱人，只活在自己的天地里，世界就变成了资源，都是服从于自己目的的存在。

热爱是一种公平，也是一种合理，是这个时代的基本游戏规则。游戏规则不仅仅是要做好可以量化的专业工作，也包含着要公平对待这个世界，公正对待别人。你可以通过尽心尽力地工作给这个世界带来发展，所以，你对社会的热爱体现在你的努力中。工作是人与人连接起来完成的，说到底你要与人打交道。你若不热爱人，那么你就是冰凉的存在。

　　谦卑、坚强的意志、学生气，以及热爱，会让我们在工作中像向日葵一样灿烂。

第三章

面对快流动低情感
追寻溯游从之的深情

中国改革开放已经将近四十五年，这个巨大的历史过程中，到处都在流动：去异乡打工，去远方成家，去新的城市创业，去海外求学……我们的流动性是前所未有的，到处都是陌生人。在这样快速流动里边，我们遇到了一个大难题：传统社会中，大家住在一个村里，一辈子不远行，生活在本乡本土的家庭和家族、各种亲朋好友中，享受着亲情、乡情。人们相互知根知底，知道每个人的过去、现在甚至未来。但是流动中的人们就不一样了，彼此之间都是萍聚，相互之间天然不熟，并不知道各自的来龙去脉。而且，在陌生的相遇中，每个人都想表现出自己最光鲜的一面，而把那些艰涩的部分藏在了心里，人和人之间因此缺乏了真实而完整的情感关系。

　　我们为什么要对一个陌生人投入温情？为什么要去相信一个半路遇上的人？换句话说，我们今天最缺乏的，是温馨的社会情感。这就是我们今天所面临的快流动低情感状态。人类最宝贵的品质就是珍惜人，珍惜人的价值，珍惜人和人的真诚。这需要彼此之间的现代关系重组，需要在共同承担的时代生存中互相理解。用一句以前的话来说就是"我为人人，人人为我"。这说起来很简单，但在变幻的生活里，有极大的难度。

海明威写过一本著名小说《丧钟为谁而鸣》，其中写道："所有人其实就是一个整体，别人的不幸就是你的不幸，不要以为丧钟为谁而鸣，它就是为你而鸣。"在这个现代世界上，我们需要明白，你自己很难，但是别人可能比你更难，每个人都不容易。我们从这样的理解出发，去学会合作，共同奋斗，真心付出的过程中去获得友情、爱情，这就是我们需要去寻找的温度。

相爱为什么越来越难

一个现实的问题：男女青年相互之间的爱情银河是越来越宽了，鹊桥也越来越罕见，年轻人相爱越来越难。有人说因为谈恋爱费时间、费钞票，还总要猜测对方在想什么，经常冷战、吵架，太麻烦了，还是单身好；有人说找到能互相爱到灵魂深处的人太难了，不想将就；有人说怕老公出轨，自己变成怨妇，还得操心孩子、工作、家务。

我一直觉得，现在是一个"快流动低情感"的时代，我们缺乏深厚的情感，是因为我们总是处于迁徙之中，这是时代的症结，归结出来，大概有三个原因。

第一个原因，恋爱需要时间，然而很多在城市里打拼的青年，时间都被工作挤压。此外，如今对生活的定义也跟以前很不一样了，要具备的东西比原来多了很多，尤其是房子，过高的房价让人负担很重，更不要说培养一个孩子的成本了。

第二个原因，每个人在成长过程中，尤其是在学生时代，太缺乏情感的交流，所以会出现一种畸形现象：恋爱的时候，就千方百计地只对一个人好，对其他人漠不关心。这看似是爱情，但功利性、目的性都非常强，没有宽广的自然性，不知道如何去跟世界建立丰富、深层次的关系。很多人谈恋爱就是看看电影、吃吃爆米花，表面上看起来很快乐，但没有生活的喜悦感、温暖感，体会不到对方对这个世界的热爱。很多人谈恋爱，就是两个小孩子的心态。

第三个原因，传统观念对于女孩有一个道德体系。比如，多年以前，二十七八岁就要生孩子，生孩子之前要结婚，结婚前要恋爱，这么一算，也就是说女孩在二十三四岁就应该有男朋友。但问题在于，父母没有给她们留出恋爱的时间，只计算了结婚的时间。对于男孩来说，他觉得大学毕业之后就自由了，又要看足球，又要玩游戏，自由自在，恋爱反而是负担。所以女孩对男孩失望，男孩对女孩也失望，彼此是错位的。

如何看待这个问题呢？一方面，我觉得现在的年轻人在爱情问题上有一些误区。比如希望爱情能解决自己人生的问题——孤独、焦虑，乃至就业、求学、发展。面临这些难题时，他们期待找一个人能够弥补自己，帮助自己，以为两个人在一起，就能获得安慰、温暖。但这个角度是特别有害的，因为爱情是情感，而不是问题，你带着满身的问题去跟人在一起，对方会特别反感。你可能还不知道，或许对方也带着一身的问题来找你，互相期待，彼此压力就更大，失望更多。我们不能指望在爱情和婚姻里获得原来没有的东西，这违反了一项基本的规律——在这个世界上，真正拥有爱情或者具有资格谈恋爱的，是那种一个人就能跟世界建立关系的人。他通过劳动和专业，用富有活力的生活去辐射温暖，带给别人信心和快乐。因为匮乏和焦虑，而将伴侣视作资源和工具的人，没有爱情的内核。

另一方面，很多人对爱情失望，觉得伴侣变成了另一个人，部分是因为他们并不知道，没有任何一段爱情是足以支撑两个人一生一世的。爱情最大的规律是要再创造，但很多人再生产的能力实在太差了，以为结婚就到头了，忽略了爱情应当像春天的植物一样，不断打开和生长。如今的人，分手的能力远远大于相爱的能力，一旦觉得前景不妙，那么多失败案例在前，于是就想立即分手。连心里这一关都过不去，何谈同甘共苦呢？何谈两人一起建立新生活、小世界呢？

我们要如何解决这个问题呢？我们还是要面对爱情，相信自己有走出传统的力量。好的爱情，在这个漂流的时代具有特别重大的意义，世界一年一大变，五年一巨变，起伏不定，应接不暇。大风大浪之中，美好的二人世界是非常珍贵的。武汉作家池莉写过《烦恼人生》，男技术员在厂里遭遇诸多不顺，但是回家时能远远看到家里的一盏灯，他便知道妻子已经回来了，做好热菜热饭等着他，他感到心里泛起一阵暖流和幸福。

一个人安身立命，首先要心安，有一个温暖的二人世界，这会让人的眼神都变得不一样，人也变得善良，而不是焦灼。所以，以寻常之心相信爱情，是非常宝贵的。

既然知道宝贵，我们要怎么寻找它、建设它呢？男生觉得谈恋爱就像喝可口可乐，在一起高兴快乐就行，但并不知道如何去认识女生。我一直提倡男生要好好看一部电影——2004年美国上映的《杯酒人生》。年轻的男孩对待女孩，一定要像对待酒一样，深深地去体会她从童年到小学、中学，再到大学，去过什么地方，这个历程就像酿酒，包含了多少苦辣甜酸。男孩不应该只看女孩的颜值和活泼的表面，你还要知道她的难处，她经历过什么、热爱什么、期待什么，这样的男生，才会有一种面对对方的真诚。此时女孩将会感受到，能品读你的人会更打动你。这时，两人之间的鹊桥就在无言中出现了。

如今爱上一个人，都可谓"遭遇战"，不知道将来如何，彼此无法百分之百地相爱。我们唯一可以做的，就是承担后果，爱过就是爱过，失败了也问心无愧，因为曾真实地活过，这需要我们对人生观、生命观有一个新的理解。

当你老了，觉得一辈子没有真心爱过一个人，那是很可惜的，所以我们需要勇气。很多人不相信爱情，有些悲观，但悲观主义有时并不是坏事，悲观主义的人容易幸福，而乐观主义的人容易悲伤，因为他们的期待不一样。这个时代有那么多悲观主义者，某种意义上来说也是好事。如果不是盲目乐观，那么你会遇到一些温暖的好人，一些小小的温情都会让你幸福。

既然不乐观，那么就要认真生活，首先把自己建设成一个不需要爱情和婚姻，仍旧能过上丰富而自由的生活的人，不会成为别人的压力、别人的负担，也不会因为没有婚姻而惶惶不可终日。你要有勇气，相信自己有能力创造美好的生活，相信自己在人生路上也可以过得很好，很好里包括婚姻、包括爱情，这样生活才会变得丰饶。

作为现代女性，要舍弃传统的心态。巴尔扎克写过《幽谷百合》，其中的女性特别美好，但她只有等待。传统女性的角色就是等待，等待被爱、被挑选，最终凄美而死。还有梅里美的《卡门》，十八岁的吉卜赛姑娘曾经爱过一个人，但并不合适，便分开了，后来她又爱上另外一个人。曾经的爱人把她带到山谷里，拿出一把长刀厉声问她："你到底爱不爱我？"吉卜赛姑娘一把扯下自己的头巾扔在地上，跺着脚大声说："不爱、不爱、不爱！"最终她惨死刀下。

人并非固体，也不是物质，而是心理、精神，没有心理和精神，活着也没意思。就像法国诗人波德莱尔和他朋友坐在巴黎的咖啡馆，朋友看他看着外面很入神，问他在看什么，波德莱尔说："我看到了满街的缕缕白骨，都是没有活着的人，看不到人的精神，看不到真心，所以活和死没什么区别。"所以，现代女性去爱的前提在于，自己内心要有储存、有成长，才会有底气去主动，不然只会在实践中显得自己很单薄。现代的女性不再适合等待和守株待兔。

美国作家伊迪丝写过一本《纯真年代》，艾伦站在海角看着远方的一条船，船即将开往灯塔驶向远方。纽兰站在上坡，两人都在等待。纽兰想，这艘船没开到灯塔以前，倘若艾伦转过头看他一眼，他便立刻冲下去向她表白；而艾伦完全知道纽兰在后面看着她，也知道纽兰期待她转过头，更知道她转过头他就会立马跑下来，但是她就是不愿意转头，她一定要等纽兰先走这一步。终于，两个人的关系结束了。现在的爱情需要相向而行，没有谁先谁后，今天的女性不能只站在传统女性的角色里默默期待，这会让你丧失太多。

我们都要拿出力量面对生活，面对爱情。

异地，异地，一场好艰涩的恋爱

大学生最怕异地恋。大学毕业，若男孩去国外留学，女孩留在国内，两人很可能立马分手。我们既对自己没有信心，也对他人没有信心，所以长痛不如短痛。就像酒桌上的朋友，说一些豪言壮语，但激情过去就消散了。

这种现象是怎么来的呢？如今，正是从传统社会向智能社会的转变。传统社会是熟人社会，现代社会是一个陌生社会。传统社会里人们互相之间知根知底，人和人之间是长期的相伴，感情深厚；流动社会中人们都像碎片，我们看见一个人就是一个片段，看不到他的以往、未来。这样很难有深厚的感情，彼此的信任和依赖就会降低，人不会百分之百地释放自己，而真正的生活恰好需要这个。

我最喜欢的食物是南瓜。春天在松土里种下南瓜种子，看着它一点点成长、开花。南瓜花朵很丰盛，花落之后，长出小小的南瓜，慢慢越长越大。而现在人和人之间看不到南瓜的一生，彼此充满断裂性，但人与人之间是需要长期的陪伴的，这样内在的生命才能传达出去。

在日本留学时，我们大学经济系里有一位中国籍教授，夫妻俩以前来日本留学，后来留在日本工作。他告诉我，他们夫妻俩永远不会分离，因为他们有深厚的感情。当初留学时很穷，结婚只能租房，还得买家具。他们买不起新家具，只能去旧家具店里淘，满屋子的旧家具都是他们喜欢的，他甚至记得哪件家具是在哪一天、哪一家店，两人花多少钱买的。他们的感情都在这段漫长的记忆里，非常结实而真切。深厚的感情能经得起困难时期的考验，它需要用很长一段时间来证明，这种信心，恰恰是在流动社会中最需要的。

美国导演伍迪·艾伦有一部电影叫《曼哈顿》，描述了一位四十二岁的男人和一位十七岁的女中学生谈恋爱。但是这个男人不相信女中学生会永远爱他，于是主动跟这个女生分手，中间历经了情感波折。后来他偶然听说这个女孩要去伦敦学音乐，他着急了，因为他仍旧深深地爱这个女孩，女孩也是真心爱他的，所以他一路狂奔去找她。女孩说："我只去伦敦半年。"男人说："半年也会发生很多事情。"女孩说："你在这个世界上，还是要相信一样东西。"

这话听起来很简单，但很多人只相信物质，不相信永恒不变的情感。他们会把对方资源化，具象成房子、车子这类东西，但感情是无形的。这其中也包含人性的弱点。

我们需要对人有很深的理解，特别是对人的生存要有普遍的理解：这个世界上有一个规律，那就是人的一生必然要承担他自己的苦，绝对逃不掉，青少年时期如果家境良好，过得无忧无虑，他的苦就会被留在后半生。所以我们要相信，人只有互相帮助、互相信任，才能同舟共济地往前走。没有经历过生活历练，我们是不清楚的。

因此，我们看人，应当看到彼此的不易，不能片段化地去看人。尽管这是个流动的社会，碎片化的时代，但我们不能把人看成碎片。否则我们永远不能把对方当作一个人，发自内心地对他付出感情。就像一片森林看上去郁郁葱葱，发展繁荣，但森林里每一片叶子都是冰凉的。《世说新语》里有一则典故叫"管宁割席"，管宁和华歆两人在房里看书，忽然外面喧哗，原来是高官贵族的车过去了，马车华美的装饰金光闪闪。管宁根本不抬头，照样看自己的书，而华歆扭头看了一会儿，满是羡慕。管宁很生气，觉得这个人太庸俗、太功利，将席子割断，不再和他做朋友。

这个故事大家都知道，但俗话说，日久见人心，故事到后来就不一样了。土匪攻城，城中居民逃散。管宁和华歆在江边找到了一条船，他们刚刚上去，好多人也来到江边呼喊着要上船，华歆便让他们都上来，但因为人太多，船越来越沉。刚要行驶，一个人跑过来呼喊救命。华歆说不能让他上，否则船可能会沉，管宁说这怎么行，再危急也要让他上。华歆无话可说，只能让他上。

结果行驶到江中，船越来越沉，管宁着急了，让最后上来的人下船，自己想办法求生。华歆却说："刚才让他上船，我不同意。现在他既然上来了，这样危险的时刻，我们就不能不担这个风险，再让人家下去。"华歆在生死关头表现出来的道义，是很值得我们敬佩的。

人和人之间要有感情，一定是有长远而整体的眼光，这样才能理解彼此的内心，看到真实的人，否则都是虚浮。想要建立好的感情，并不是一件简单的事，需要你对这个世界有所理解，对人性有所理解，对生存苦乐有所理解，也需要对生活状态有所理解，需要我们主动释放温暖以及真诚，这些也是我们社会最需要的东西。

有人说这个世界很薄情，每个人都在各自追求，忽略了人的感情。但我觉得，再过二三十年，等你追求的东西都有了，你会发现人与人之间的感情，才是最大的温暖。

感谢前任,在温馨的分手文化中成长

和传统社会相比,如今一段感情能走多远,一段婚姻能走多远,充满了不确定性。现代人充满了变化,社会和个人都在发展和延伸,并且变化不是自己能决定的。比如,你参加完高考,从乡村来到城市,面临着一次一次的文化冲洗,一道又一道的难关。这跟传统生活的处境和道路是非常不一样的。在这个过程中,两个人必然有初见时的喜悦和沉醉,但在一起几年后,又觉得两人合不来,情感也不相通,观念也分离了。这时难道还要像传统社会那样,用从一而终的道德来要求他们吗?

所以,在现代社会,合是一件幸福的事,但很大程度上,分也是一件幸福的事。离婚是两个人从婚姻的痛苦中解放出来,从黑暗和压抑里走出来,重新开始自己的人生,两个人都走向新的未来。前些年敦煌莫高窟出土了一份《放妻书》,所谓"放妻",就是离婚,传统社会中女子要离婚是很难的,除非你是皇帝的女儿或者贵族。它写道:"凡为夫妻之因,前世三年结缘,始配今生夫妇。若结缘不合，比是冤家，故来相对……既以二心不同，难归一意，快会及诸亲，各还本道。愿妻娘子相离之后，重梳蝉鬓，美扫蛾眉，巧逞窈窕之姿，选聘高官之主。解怨释结，更莫相憎；一别两宽，各生欢喜。"

这种观念放到现在也很时尚。婚姻的入口是自由的，出口也应当是自由的，这是在变动的社会中产生新的人道主义、人本主义。那么两个人在一起的感情、收获和共性，在现代社会是不断变化的。比如，以往美国的歌舞片例如《雨中曲》《音乐之声》都是大团圆的结局，但2016年上映的电影《爱乐之城》不一样。米娅在洛杉矶当群演，是连配角都不算的背景人物。她到华纳兄弟公司旁的咖啡馆当咖啡师，想着近水楼台，有机会可以试镜做演员。她在这里认识了塞巴斯蒂安，他是一个戴着细致丝绸领带的爵士钢琴师，爵士乐有很多非洲元素，充满了个性和随机的抒发。他们相恋了，但塞巴斯蒂安越来越开始朝着商业靠近，这是他公司的要求，只为了开拓市场。米娅和塞巴斯蒂安之间有了精神的裂缝，爱情的裂缝不像墙上的裂缝有一个渐变过程，他们是在一瞬间变成了陌生人，最终还是分手了。

后来她又结了婚，觉得对方也不错，是温暖的依靠。电影的末尾米娅和塞巴斯蒂安又见了面，但并没有俗套的破镜重圆，而是两人对彼此都报以善意的祝福，鼓励对方不要放弃人生的梦想，见完最后一面就道别了，这是非常温馨的分离。这部电影告诉我们，遇见即是最温暖的事情，这个人在当下最适合你，即便过一段时间就不适合了,也弥足珍贵,也是人生中不可抹杀的部分。只是问题在于,面对已经失败和消散的感情,每个人都有一种负面的情绪。

我觉得每一个人,都要深深感谢自己的前女友或前男友,深深感谢自己的前妻或前夫,你们一起走过一段岁月,总有美好的记忆留存,你在无形之中内心也充盈了许多,打开了很多东西。

我曾经认识一对相恋了十年的恋人,从初一相恋,到大学本科毕业分手。女生对前男友没有任何抱怨,反而说了很多感谢的话,在她心灵起伏动荡、孤独的十年里,他给了她一个港湾,给了她依靠和支撑,尽管分手大部分的问题还是出在男孩身上。

前两年我回云南的怒江,在高黎贡山一带,我曾经在这里的傣族村庄劳动过两年。当地傣族乡亲告诉我,每年的春节和火把节,有三个人都要回到这个寨子,跟乡亲们舞蹈、唱歌和狂欢。这三个人中,一个是女知青,一个是她前夫,也是知青,多年前他们在这里劳动。他们结婚多年后,因为种种问题分手了。多年过去,前妻和前夫竟然可以每年一起再回当年的村寨。而另一个人是女人的现任老公。我想:三个人和谐地在同一个地方,有多少人可以做到?毕竟要跨越的障碍太多。

或许这也是时间的力量,很多人跳不出时间的束缚,会去怨恨,认为对方没有实现自己的期待。但是随着时间一点点过去,年复一年,然后对生活的理解不一样了,那些沉重的感情开始消散,开始回味当年的那些美好。所以再见到原来的情人时,会有一种别样的温暖，毕竟共同走过的岁月是无法消除的。人性就是这样，当初觉得跨越不过的坎，时间会帮助我们跨越，让我们更加珍惜美好的感情。

我读过很多遍《呼啸山庄》，男主人公希斯克利夫失去了恋人凯瑟琳，他的恨覆盖了一切。在外发了财后，他回到山庄，用一切手段摧残整座呼啸山庄。他不只是摧残同龄人，也摧残上下一代人，整座呼啸山庄被黑色的仇恨掩盖，凄风苦雨。人生何必这样呢？最终，希斯克利夫得逞了，那些人都死去了，这时他才明白自己是多大的罪人，谁也无法体会到他一生的孤独，生命中所有的暖意，都被他扫荡摧毁。

情感就是这样，有的可以陪伴你走一辈子，有的可能是半辈子，有的甚至可能是几个月，但所有美好都值得被珍惜，只要真实地生活过，这些美好就不会从你心中消失，而是成为你生活的一部分。我们要珍惜前任，把他们当作生活的一段过程，温柔以待。这样对你的人生也好，不会变得沉重，不会纠缠过去，而是会打开非常宽阔的未来式、将来式，这是在这个世界里，每个人应该有的态度。

如何真正相到亲

一个男孩去上海人民公园的相亲角，说自己是外地人，有好几套房子。替女儿来相亲的大妈觉得这个小伙子人不错，但因为他是外地人，外地的房子不值钱，所以大妈觉得他不行。男孩说自己是北京的，大妈又改口说北京的还可以。相亲的确很有意思，一方面年轻人不亲自上阵，由父母代劳。另一方面，相亲角的历史很长。它为什么能存在这么长的时间呢？

一份国外的调查报告显示，日本的年轻人通过相亲认识结婚的，比例占了一半多，所以相亲的人并不是少数，甚至一些明星也会通过相亲认识对象。明星沈傲君结婚后，她的粉丝问她是如何认识丈夫的，她说是通过别人介绍，相亲认识的。粉丝们很吃惊，一个明星演员可以认识那么多帅哥，怎么还要通过相亲呢？沈傲君笑着说："只要为了幸福，什么都可以。"

现代人都很忙，每天从家里到单位，再从单位回家，交往有限。我一直觉得，世界上确实是有一个人特别适合你，最应当同你结婚,但是你遇不到他。所以,相亲为你增加遇到合适之人的概率。

如何看待相亲,取决于你的出发点、观念和认识。很多年轻人对相亲很反感,一个重要原因就是觉得相亲是一种交换行为、买卖行为,为了把自己卖出去,明码标价,将自己全方位展现。换句话说,相亲时你看到的是这个人的存量,包括他以往走过的路、学过的东西、取得的业绩。

但问题在于,你看到的第一眼是条件:房子、车子、金钱,它们都是生活的条件,而爱情并不是条件。相爱是爱对方的生活,而不是爱他的身份,这些条件是不是就能带来幸福呢?答案显然不是的。何况,条件不是绝对的,永远有更好的条件。日本作家谷崎润一郎写了一部小说《细雪》,我特别喜欢。雪子前前后后一直相亲,一共五次,从二十二岁到三十五岁,男友换来换去,男友们的条件各不相同。就像在挑选商品一样,反复比较,难以抉择,无比焦虑。在一次一次的比较中,雪子的青春流逝了。外部的东西是很难完美的,不可能让你百分百满意,而很多人的青春,就这样在挑来挑去里流逝了,内心也越来越疲惫。所以我说,很多人追求的更好,并不是更好的生活,而是更好的条件,但这是没有尽头的事情。你无法去探照生活,就只能在外部的尺度上眼花缭乱地挑选。哪怕两个人拥有车子、房子,但没有建设生活的能力,那依然等于零。

我曾经有一对朋友,创业了五六年,一开始欠了很多钱,后来抓住房地产的机会,挣了很多钱。这对恋人买了别墅,换了豪车,关系却开始恶化,因为彼此有差异。打架的时候,这个人拿着索尼相机砸过去,那个人拿着尼康相机砸回来,把一切砸得粉碎。没钱的时候他们可以共苦,吃一碗米粉都那么香,但那样的日子却一去不返了。我还看过一位德国人画的漫画,漫画里两口子年轻时没钱,男人骑着自行车,女人坐在后面,亲昵地搂着男人的腰,男人很高兴。后来有钱了,他们换了摩托车,也还挺高兴,毕竟更气派了一些。再后来他们换了小汽车,坐的距离就稍微拉开了。最后他们换了一辆豪车,可能男人当了老板,女人穿着貂皮衣,车里很宽敞,但两人之间的距离更大了。

条件有时不但无法促进你们的情感,相反还在遮蔽、掩埋你们的真情。无论是相亲还是自由恋爱,最根本的一条就是要热爱对方的生活,喜欢和对方一起过日子。我们常说门当户对,以往是看门第、财产,如今是精神的门当户对。

对于美国这类欧美发达国家,一个人的文化支出达到30%到40%,例如去歌剧、音乐会、展览、博物馆等,每个文化场所的人兴趣都不一样,人以群分,互相之间才能建立好的情感脉络。人都有自己的基本气质和内在情感。热爱自然的人会比崇尚功利的人更容易恋爱。以前我在云南劳动时,大家都很穷,看见天上的飞鸟、稻田里的秧鸡,都想捉来做成烤肉吃掉。那时的人们精神是匮乏的,而如今的人会保护野生动物,是有生命感的人,他去谈恋爱,就会给对方提供丰富和温暖的感情。

今天的问题在于，每个人的感情和世界不对应，世界是那么丰富多元，那么蓬勃成长，但是你感觉不到，你只看到自己的目的，想要挣钱，买车、买房，有一种无形的冷漠，也感觉不到世界的温度。这样的人去谈恋爱，必然是单薄的、平面的，就像有人去看大海，只看到海浪，看不到海底的生命。

感情丰富的男女之间的交流，会充满生机，能感受到生命的意义，知道自己来到这个世界是多么偶然，多么短暂，能够与对方相遇并契合是多么的珍贵。爱情中重要的因素就是珍惜。

相亲并非不好，而在于质量不高，人们的功利性太强。一个人去相亲，多认识一个可能的恋人，然后像自由恋爱一样交往，这样就很好。而所谓的明码标价，把人分成三六九等，追求优越条件的相亲，实际上是对生活外部化、表面化的理解。

我们要抱着自由恋爱的心态去相亲，抱着相亲的心态去自由恋爱，把两者结合起来，我觉得这样就很好。认识一个人，就是多了一个朋友，交往时没有强烈的目的性，不是巴不得几个月后结婚，而是自由恋爱，彼此都能放松，呈现自己真实的一面。而在自由恋爱的时候，真诚的恋爱必然是希望两个人将来生活在一起的，而不是游戏。而当下的很多人，相亲时缺乏自由恋爱的舒适感，自由恋爱时缺少相亲的庄重性。

面对相亲到底好不好这个问题时，我们不能贴标签，这个是因地制宜、因人而异的，但无论如何，我们当代社会的爱情应该是畅通的、自由的、诚挚的。

什么样的"软饭"可以吃

复旦大学有一位学生刚毕业时,想找一份自己喜欢的工作,还能有富余的时间写东西,但没有找到合适的。而他的女朋友是学计算机的,马上工作了,且收入不菲,于是他就赋闲在家。他有点不好意思,女朋友说别担心。不久他遇见我,说赋闲在家四个月后,觉得男主内、女主外也挺好的,越过越舒服。又过了半年,他才找到一份还不错的工作。只是有人想不通,问他怎么能让女生出去挣钱养家呢?所以那时他的压力很大。毕竟社会习俗就是"男人负责挣钱养家,女人负责貌美如花"。

男人如果不工作在家待着,那就是"软饭男"。以"男强女弱"好像是一个通行的共识,一旦这个认知颠倒过来,坏处就会被无限放大。

个人与社会在现代分工里,有一种供求关系。在面对社会需求时,有的人会很适应,有的人就不适应。社会角色要求男主外、女主内,它有一种对女性的暗中歧视,就像我们从来没听说过什么"软饭女",它默认了女性是弱方。

但是,现代社会女性也很强,甚至有时候比男性还强,对世界的感受比男性要细致得多。社会越往后发展,女性的创造力就越大,角色定位也在改变。所以,表面上是在嘲讽软饭男,本质上也是在嘲讽女性,这些说法仍旧带有封建时代的旧意识,会带来很多问题。

20世纪80年代中期有一阵出国潮,我的一些好朋友也出国了。其中有一个现象,那就是很多文科男的女友先出去,她们面临着各种各样的事情,于是会有一些美国大学的男性友人来帮忙。帮着帮着,那些女性就对他们产生了依赖感。等到自己的男友再来美国,加入美国的文化圈,他们的话语权很小。按照男强女弱的心理,情侣们在美国的社会地位跟在国内大不一样了,于是出现了很多分手的情况。所以在美国的中国男学者里形成了普遍的共识:出国留学绝对不能让女朋友先去,不然大概率会分手。因为到了那里男性不强了,女性就觉得男性贬值了,在国内也这样。

现代社会的需求是变化的,在某个时期很需要你的某个专业或技能,但新的行业、技术在兴起,你可能暂时不被需要了,暂时比较弱,压力很大。所以你在家中无所事事,但实际上你可以趁着这段时间充电、学习,不断提高自己的能力。但你也可能顶不住社会的眼光,只好将就着去找一份不喜欢的工作,总算是能挣钱。然而,人生就怕只挣钱不发展,若不发展,就只会越来越被动。所以,你需要再调整,甚至需要花一两年。所以我说,一个男性在一生中潜在的软饭期是普遍存在的，但因为不敢进入明显让自己停下来的软饭期，只好继续做不喜欢的工作，但那份工作跟自己的内在价值是不关联的。

但有的人并不如此。著名导演李安从纽约大学毕业，取得硕士学位后，没有合适的工作，于是他在家里待了六年，生活只能依靠妻子。人们常说他的妻子林惠嘉多么理解他，但她也坦率说过其间也确实对他很失望，觉得一个大男人窝在家里，无所作为，也冒出过跟他离婚的念头。直到1990年，李安写出剧本《推手》，拿到四十万奖金，生活开始转变，人生一路开挂，成为得奖专业户。李安做了六年的软饭男，但实际他在不断积累，所以我以为男人真的需要一段软饭期，在逆向的角色里重新体会自己。从历史上看，有的妻子非常清醒，她才不在乎什么软不软饭，因为她看得出这个男人的价值，知道他有很多迷雾，但最终，他会理解自己，获得对世界的全新认识，他知道自己该做什么。

美国作家霍桑年轻的时候喜欢看小说、写小说，但忙于从政，后来从政之路一败涂地，灰溜溜地回家了。他的妻子很高兴，笑眯眯地说："我早知道你要回来，因为你完全不适合从政。你是个擅长写作的人，回来之后就安心写作吧。"沮丧的霍桑听到妻子这样说，非常感动。半年后，一位出版家朋友来探望他，读了他的小说，半个月后，朋友给霍桑写信，称赞他的作品是伟大的杰作。

美国作家理查德·耶茨的长篇小说《革命之路》中，女主人公艾博觉得丈夫弗兰克在诺克斯计算机公司工作难以发挥他的价值，因为她觉得丈夫热爱文学，应该去创作，如果这样机械地上班、挣点钱，他这一生就会被消磨掉。最后，她决定把郊区的房子卖掉，带着两个孩子去巴黎的联合国教科文组织工作，这样的话，她的收入可以维持家庭，让弗兰克安心写作。

我们不要在软饭这样小的概念上衡量一个人，关键是要认定对方的价值——面向未来的价值，而非社会价值。这是两个人的共同奋斗，如果能突破传统的思维，那么你们的生活就不会局限在一个片段里。男人如果真的爱自己的女朋友或者妻子，他也绝不会甘心吃一辈子的软饭，他会有责任感，不愿意让她过得很苦，不会只要她艰苦奋斗、抵抗困难、勇于攀登，因为他肯定愿意用自己的力量，去创造让妻子幸福的生活。从现代观点来看，女性也不一定完全接受男性的思想，因为这是相互的，女性如果爱自己的伴侣，也会愿意尽最大的努力，让对方幸福。

我有种感觉，就是男人所谓的软饭期，往往也是爱情的黄金期，因为男性在传统心理上会觉得对不起女朋友或妻子，如果女朋友或妻子理解他，那对他来说将是异常的温暖，铭记在心，因为在他最困难的时候得到了对方的体谅、包容和鼓励，这将是长久的爱情。

我们要打破很多常规，在新的变化中用新的眼光去看事物。男女之间要给彼此发展的机会，理解彼此的价值，给对方温暖的情感，这才是好的爱情。

舔狗生涯的得与失

现在有一个很流行的词——"舔狗",指男性追求女性有一点儿"狗性",无限跟随她,无限对她好,过节必定给她送礼,请吃饭,最终却只落了张"好人卡"。

被发"好人卡"的男人,总是把别人想得很好,把事情想得很好,把世界想得很好。他像一朵超级向日葵,总是向往明亮,即便吃了那么多亏,也看不到黑暗。这样的人,比那些用尽心思、不断谋求种种利益的人要好得多。

然而,舔狗也要有自己逐渐增长的智慧,不能永远只做简单的好人。现代社会中,每个人都有一个最重要的立身之本,就是专业性。我们的重要价值,就是能给这个世界创造一些新的东西,这是一生的奋斗目标。在这个过程中,有人失去了爱情,但是不要紧,我们还有精神支柱、奋斗目标。用俗一点儿的话说,就是"你可能失去爱情,但是你没有输掉江山"。因为爱情只是世界的一部分,而不是百分之百。舔狗的最大问题在于他只有爱情,没有专业性，所以他只会无限付出，无限地去讨好对方，没有爱情，他就活不下去。对方把他当作资源，他却浑然不知，无限等待，并认为自己很善良，这就走入误区了。所以，无限地爱一个人，说明他在文化、精神上没有成熟。

舔狗的追求像动物界的某些现象。有一种雄性椋鸟，到了繁殖季节会在粗壮的草叶和草枝上建造鸟窝，这非常困难。接着，它唤来雌鸟，雌鸟看了鸟窝，若不满意，雄鸟会马上把窝毁掉，重新再造。这个过程中，雌鸟把非常强健、有力量的雄鸟甄别出来了，才会跟它在一起。一些男生就像雄鸟，不停地织窝，以此来向女性表达爱意。但是这种力量只是外部的简单力量，他以为只要用尽全力，调动全部资源，去献殷勤、表白，就可以得到爱情，却不曾考虑到双方内在的精神融合。

毛姆在《月亮与六便士》里说过："女人可以原谅男人对她的伤害，但永远不能原谅他对她做出牺牲。"男人对女人无限的好，不过都是外部的，反而增加她们的心理负担，觉得欠他一大笔人情。男人牺牲越大，女人便越觉得对不起他，最终只能无奈嫁给他，但一辈子过得并不幸福。毛姆的这句话很深刻，很多男孩费尽心力追来的女孩，却并没有带给她幸福，最终使得双方精疲力竭。沈从文当年给张兆和写过很多信，张兆和被他打动，终于在一起，但后半生两人过得很疏离，并不相爱。

作为一个男性，清楚你到底爱对方什么，这是非常重要的。否则辛辛苦苦、费尽心力去追，其实是在追一个不幸。《了不起的盖茨比》里,盖茨比爱着黛西,但黛西和汤姆结婚了,门当户对,他们都是上流社会的人。盖茨比去贩私酒,赚了很多钱,终于成为有史以来最富有的备胎。黛西跟汤姆住在纽约海湾东岛的大豪宅,盖茨比便在西岛买了一栋豪宅,天天望着对面黛西家的小绿灯,他站在海水里,海水淹到脚踝也不知道。他伸出双手,好像在拥抱黛西一样。对黛西而言,她仍念着旧情,仍有动摇,跟盖茨比很亲近,但她绝不会走出关键的一步,跟盖茨比偷情。因为她总有理由,不会做出那个最终的决定。

作为男性,你要真实地感受对方到底是不是爱你,她对于你,到底是心跳还是心动。心跳,是因为你有很多长处,有很多可爱之处,跟你在一起吃个饭、看场电影,她很愉快,是享受的,但是绝不会跟你同甘共苦,不会走进你的生活,面对形形色色的困难。

而爱一个人,是觉得放不下他,不知道他今生会怎么过,怎么面对风风雨雨,所以只能结婚,共同度过。这是爱情最根本的感觉,是心动,是对方存在于她的内心,认定对方即是唯一。爱情是互为唯一的关系,两个人有强烈的共情、强烈的共振。

在马尔克斯的《霍乱时期的爱情》里,二十岁的阿里萨去送电报,忽然看到一家人的女孩子费尔米娜,那时候她才十六岁。看到她的第一眼,阿里萨就不一样了。那一眼之前的阿里萨和那一眼之后的阿里萨是两个人,这是一个决定性的变化。费尔米娜更敏感,她看到这个送电报的男孩后也不一样了。这两个人都心动了，像魔法一样，所以说真的爱情是不由自主的。我始终认为能控制得很好的感情不太像是爱情，而内心不舍的情感像花开一样，是挡不住的。

作为男生，你既要相信这个世界上有美好的爱，同时也要相信自己是一个精神在成长的人。你向往着与相爱的人相伴相随，共同去创造，给世界添新的东西，那是发自天然的感情。即便最终没有得到，你也会有自己的精神家园来支撑自己，继续往前。

脱单脱单，学学渣男

一些男生有点苦恼，觉得自己各方面都不错，学习又努力、人也踏实，但就是谈不好恋爱：满腔真诚地对待女生，女生偏偏不喜欢他，反而喜欢会说甜言蜜语却不踏实的男生。他们觉得那些就是渣男，但渣男偏偏在爱情上面占尽优势，自己是不是也要变渣一点儿才可以？这是我没想到的，但仔细想想，确实也有道理，这种现象是存在的。

作为男生，你要想想，渣男为什么会让女生喜欢，他身上哪些东西是你不具有的。这是一个人文养成的问题。在我们的社会里，好男人都是一步一步培养出来的，男性要承担责任，社会主流意识遵循着这样的道德伦理。孩子在成长的时候，父母告诉他们要做一个好孩子。这个"好"是什么意思呢？那就是社会的标准，也就是说，好男人的形成，是具有普遍性的，"好"和"好"之间的区别不大，然而作为一个生命，我们内在的性情、渴望必然是复杂的。一个好男人在心理上必然要不断地梳理自我，当你和理想中的自我存在距离的时候，你会显得很庄重严肃。一个人如果总是摆出一副很高深的模样，那就是他在努力塑造自己，向着好的方向去思考、言说、行动。

但是这种向上的状态带来了另外一个问题：他们不太敢打开自己，缺乏自主性，归根到底是缺少灵性。然而，恋爱却是有自然性的事情，需要一个古老而本源的人性存在。人类进化了两三百万年，原始的主体在潜意识中还是很活跃的。你的意识这部分比较适合在社会中生活，因为社会必然存在着轨道和标准；但是在爱情领域里，一个人很大的一个力量来自他的自然性，自然性活泼不活泼，是很重要的因素。我们不会因为这个人很标准而觉得他很好，而是因为他能唤起我们的自然感，这跟其他社会生活是不一样的。

多年前，一对复旦大学毕业的恋人彼此喜欢，大家也都认为他们是才子佳人，但两人没有"燃烧感"，彼此体会不到"异性感"，但谁也说不清那种感觉，最终也没结婚。

所以你明白了，渣男是不规范的，他们在社会生活里竞争性不行，大家给他的认可度不高。但在爱情领域他们是有优势的。正因为他们的不规范性和缺乏责任感，被解放出来了，恋爱恰巧需要这些东西。

相爱的两个人在彼此靠近时，有些男孩大脑中的语言功能失灵了，说话都不利索，内心的感情有一百分，却只能说出三十分来。这是因为恋爱不是靠脑子谈的，是靠心谈的。恋爱放在人生当中是需要战略性的，需要看得很长远，而渣男不会有这样的素质，但是他有小机灵，因为他不是用心在谈恋爱，而是用脑子，所以各种天花乱坠的语言都能说出来，没有任何心理障碍，有二十分的真情，却能说出两百分。

渣男都是练出来的。或许他一开始并没有这种意识，但练着练着，他了解了。好男人面对女性时，他不是去了解的，而是用心去靠近她，没有所谓的对女性的分析揣测，他相信真心，和渣男有本质的区别。渣男是游击队，灵活机动。最危险的男人，就是那些很懂女人的男人，正因为他们懂，所以才有聪明劲儿。

英国作家毛姆的《面纱》中，凯蒂是一个心理活跃、情感丰富的美人，她和一位冷酷庄重的细菌学家结婚，却始终觉得没有达到曾经渴望的情感状态。参加一次晚宴时，她遇到了汤森，汤森说："谁也没有跟我提过，我竟然即将和一位绝顶美人相会。"说得藏而不露、欲擒故纵。汤森是一个只会伤害别人、不会伤到自己的男人。一旦感情影响了自己的职位和政治前途，他马上就会脱身离去。

话说回来，女生难道就那么傻，那么容易被骗？今天很多女性有独立的能力了，自己挣钱，工作，养活自己，和世界的关系发生了变化，可能她所拥有的比男性还要宽广丰富。这时，她不必跟另一个男人共同拥有那些东西。以往的好男人可以通过勤劳给女人提供物质，但现在女人可以自己生存了，那么谈恋爱的目的是什么呢？社会生活已经那么千篇一律，而又遇到了一个一本正经的男生，还会有什么感觉呢？她想要自由而有灵性的男人。

一个周末，一对恋人想要出去玩。女生问去哪儿玩，男生说你说吧。这时女生会觉得他很没劲，她希望他能提供自己一个有趣、开心的周末。女生渴望的是恋爱的感觉，而不是要他符合她脑海中的条条框框。那种难以描述的感觉，在心理学上叫"积极错觉"，如果被放大，女生会愿意跟他在一起。对女生而言，青春期追求浪漫，一辈子不迸发一下，那岂不是白过了吗？社会已经够标准了，这个男生又这么标准，标准加上标准，女生就会觉得没意思，反而觉得离开标准的渣男非常有魅力。

女性是一种长期处于漂泊的性别。人类世界中，从父系社会开始都是女性嫁出去，跟其他物种不同，狮群象群会把雄性赶出去，但是人类女性需要离开原来的住所，漂泊在外。她希望有人爱自己，内心才有归属感，在乎自己在男人心中有多少地位，用自己的方式不断求证，渴望男人去哄她，以此证明他对自己的爱。

然而，擅长表达正是渣男拥有而好男人没有的。尽管渣男可能没有真爱，但他们会表达爱，让女孩觉得自己很重要。我一直觉得好男人要有一些艺术气，看一些好电影，读一些好文学作品，学会幽默的语言，而不是日复一日地重复那些僵化的表达。男女在一起，要有一种男女之间的语言，男女之间的行为方式和细节，而不是将社会通用的东西搬过来。

当然，面对渣男问题也不能一刀切。正如《面纱》所写，很多女生都是经历过渣男之后才对爱情有了更深的理解。例如，渣男会给女孩描绘他们的未来很美好,尽管他们现在一无所有,不肯行动。女孩沉浸在梦幻之中,相信他们会创造出新生活,而他们也会改变。然而,爱情里最忌讳的就是相信对方会改变,把自己寄托给未来。等到和渣男走到最后,她才醒悟:想要的生活只能靠自己去追求。对于女孩而言,这是成长的过程。

此外,渣男也在成长。年轻的男孩在十几岁的时候仍处于失控之中,有很多无法把握的东西。

英国作家劳伦斯写过一篇短篇小说《请买票》,写到一辆短途的通勤车上,一个年轻英俊的小伙子认识了一些漂亮的女乘务员,他与她们相恋之后很快又没感觉,甩掉一位之后再跟另一位恋爱,前前后后谈了十一段恋爱。最后一任女孩很机智,把他十任前女友都找到了,将小伙子团团围住,让他今天必须选一个结婚。小伙子嬉皮笑脸地说下午有一个会,要赶过去,女孩们看他耍滑头,于是联合起来把他揍了一顿。这个故事里,所谓的渣男也有他不渣的地方,他本来可以打个马虎眼,随便找一个,事后不认账,但他忽然不渣了。劳伦斯写出了人的两面性、复杂性,渣男既有他失控的灵性、原始性,同时也有严肃性。这件事情之后,他或许会渐渐变得成熟。所以在现代社会,一次就能把恋爱谈对,甚至一次就把婚结对的概率确实不高,人的成长需要时间,爱情更需要时间。

作为一个努力向上的好男生,你要想想自己的成长是不是缺了一点儿什么。生活不仅仅是认真学习、工作,和一个女孩恋爱,实际上是另外一种成长。或者反过来说，我们社会的培养模式就是教孩子读书，这种成长模式下，孩子们必然要压制自己，他想去踢足球，结果要学习，那些天然的、灵动的性情就被磨灭了。恋爱是我们人性的一种复苏，通过学习渣男，看到还有很多应该去探索的问题。所以，不要用"好"来约束自己，把自己变成标准化的产品，千人一面。

恋爱脑是个宝

什么是"恋爱脑"呢？我的理解就是一个价值观——恋爱比生死还重要。例如卡门，爱一个人会全情投入。她爱过两个男人，第一个男人是军官。军官把她带到山谷里面问她："你到底爱不爱我？"卡门把头巾往地上一摔，说："不爱！"因为她已经爱上别人了，军官便用刀杀死了她。卡门不在乎生死，就是要爱。

恋爱脑是暂时的，比如初恋时会无限付出，后来经过生活的历练和毒打，变得清醒了。回想当初，会觉得当初太单纯了。或者说恋爱脑是一阵一阵的，一会儿不是，一会儿又是。

两个人走在一起，把生活变得美好单纯，觉得一草一木都非常鲜活，这是好的状态。另外一种是没找到对的人，两个人的生活变得一塌糊涂，质量大大下降。倘若恋爱脑碰到恋爱脑，那就好办了，但若是恋爱脑碰上了其他形形色色的"脑"，作为恋爱脑的一方就会很痛苦。恋爱脑和生活是什么关系，我们应该怎么把握，这是很大的问题。

总的来说，我认为有恋爱脑的人是很美好的。不同的人对人生会有各种态度，政治家追求政治成功，商人希望赚更多钱，恋爱脑则是把感情放在第一位。在现实中，他们有些天真幼稚，但是人生难道就是要成熟吗，难道一定要寻求得失吗，难道一定要获得情感之外的功利吗？或许别人看他傻，但他自己不这样认为。

大学时，我读了一部美国人编写的《小说鉴赏》，作者分析了很多小说，其中一篇叫《格拉米格纳的情人》，它写的就是关于恋爱脑的故事。一个姑娘很快就要嫁入一户殷实人家，大家都说她嫁得好，未来的生活让人羡慕。一天，她看到官府张贴的通缉令，上面画着一个大强盗。姑娘拿出一个篮子，放进面包、水、黄油，朝着枪声密集的地方走去。此时强盗被围困在一个山头上，她冒着枪林弹雨冲上去，来到强盗旁边。强盗不认识她，吓了一跳，说："这么危险，你赶快下去！"姑娘说："我就是来找你的。"她跟着强盗在山上坚持了三天。强盗被送进监狱里了，她就在监狱附近搭了个窝棚，等他出狱，最后还给他生了一个孩子。这篇小说写出了恋爱脑的状态。

不爱一个人也没有理由，明明和一个人在一起很好，生活稳定，但你偏偏不想跟他在一起，这很好。作为微小的生命，很多事你决定不了，但是你能决定谁会是你的爱人。现代社会讲究理性，讲究得失，恋爱脑击破了它们。

但恋爱脑最大的问题在于，他们必须要遇到真爱。《傲慢与偏见》里伊丽莎白和达西为什么最终能走在一起？达西年收入两万英镑，是公侯的财富水平。他想找个恋爱脑，看不起那些为了攀附而改变自己处境的女人。伊丽莎白也有偏见，觉得这个贵族显得颇为傲慢，但最终两人克服了彼此的傲慢与偏见，真正地看待彼此。

什么叫看待彼此？就是在恋爱脑的状态下，看到了单纯的对方，不计得失、不计成败地为对方付出。这是很难得的生命状态，非常值得赞赏。只是，恋爱脑的珍贵和纯情若是给错了人，就是悲剧。尤其是自私冷漠的人，他只知道自己的目标和愿望，别人都是实现他目的的资源而已。

另一个问题在于，恋爱脑爱的是幻象，他的脑子不动了，只剩情感，无法对人有准确的判断。《了不起的盖茨比》中，盖茨比一生追求黛西。原来是因为他穷，黛西嫁给了门当户对的另一个男人，盖茨比想尽办法贩卖私酒，终于挣了大钱，想用财富把黛西再吸引回来。盖茨比没有得到过黛西，这份遗憾在他心里就成了黑洞，而他追的实际上是幻象。这种追求，从一定意义上说也像恋爱脑，是因为他没有看清楚对方。

恋爱脑容易沉浸在浪漫主义中，具体表现为痴迷送给对方钻石、鲜花、玫瑰等各种各样的物品，认为在爱情里爆发的炽热是美好的。他沉陷在执迷地爱一个人中，感觉自己的内在非常优越，是一个有感情的人，跟其他庸俗的人都不一样。

有一位研究生很漂亮，一个男人多年如一日地通过网络表达爱意，但实际上他并不了解她。直到她快结婚了，他还在向她示爱。恋爱脑如果沉陷在自我迷恋中，对方成为你的自我表达，那就不好了。所以，你要了解你的自我价值在哪里。恋爱脑的特点就是自我没有了，都给了对方，所以你要问自己，应该怎么去生活，跟对方在一起是不是依然能这样生活？只有这样才能有饱满的生命。南瓜和南瓜在一起，冬瓜和冬瓜在一起，连瓜都没长出来，还谈什么爱情？每个人都是不同的，我相信，在爱情里，每个人会认出自己的同类，既然是同类，就不用想恋爱脑的问题了。当你感受到吃力或者受伤时，要好好想想自己的价值在哪里。

你也要珍惜自己，恋爱脑是很珍贵的，只是当你一激动，你什么都说，什么都愿意做。就为了那一瞬间的激动，你付出了很大的代价，这是不合适的。所以说恋爱脑很好，只是你要稍微增加一点儿智慧。

真正契合的人在一起，彼此的目标不会发生大的冲突，两人想要前往的方向是一致的，而不是彼此消耗，人生哪里经得起这样的折腾？恋爱脑可以变成动力，前提是你要遇到方向一致的人，两人合二为一。

年轻的时候，人们不免有些寂寞，对年轻人能力的鉴别，就在于看他应对寂寞的能力。

寂寞是对人的修炼。所谓的寂寞，就是在你比较弱的时候不知道该干什么。有时候恋爱脑产生于你的寂寞，你便用恋爱脑燃烧自己，好像解决了空虚和寂寞的问题。我想起了赵树理六十多年前写的小说《登记》。一个寡妇担心周边的邻居说闲话，毕竟"寡妇门前是非多"。为了证明自己每晚在家,她便把五百枚铜钱撒在黑暗的炕下,下炕去一枚一枚地找出来,之后要数清楚,一枚不少。有时恋爱脑就像摸铜钱,因为寂寞。

一个人值不值得被爱,这真是个问题,我们可以先不管它。但我们可以用恋爱脑的方式去实现自己的价值,填满内在的空茫,让时光也有光彩。

总的来说,我觉得恋爱脑的人很单纯,他们身上有生命的真实性。在这个时代,宁可你是个恋爱脑,也不要变成"功利脑""内卷脑""心机脑"。当然,恋爱脑也要自我珍惜,不要用错地方,给错了人。

第四章

逆转高欲望低价值
让生命走出人性的弱点

英国哲学家罗素曾经说过,人有四种特别强烈的欲望:占有的欲望、虚荣的欲望、竞争的欲望、权力的欲望。这些欲望很原始,却主导着决定了我们的追求与生活的方向。

然而这些欲望到底有什么价值?对很多人来说,这是一个难以解释的问题,甚至从来没有想过。我曾经问一个女研究生,为什么这么勤奋,这么刻苦学习?她告诉我,妈妈从小教育她,女孩子将来的社会发展空间比男生少,所以一定要加倍奋斗,不然将来日子不好过。因为这样的原因,她从幼儿园就一直很努力,用她自己的话来说:"让努力成为一种习惯。"

努力变成了一种习惯。但是,这样的努力是为了什么根本价值呢?她说心里不清楚。

今天的青年生活里都有一个这样的问题:我们热情洋溢地奋斗,到底是为了什么?所有的好成绩背后,有什么核心价值?自己渴望的未来中,有什么历史内涵、社会内涵、文化内涵?这都是需要去思索的问题，是需要努力走出的价值困境。这种困境毫不奇怪，我们今天年轻人的生存，在很大程度上和父母一辈有质的不同。年轻人在全球化的新浪潮中长大，波涛汹涌的多元文化扑面而来，让人难以分辨和取舍。年轻人身处传统与现代之间，前后不靠，很难从思想上真正理解现代生活。在转型社会中，迷惘是必然的，价值困惑也提供了思考空间，让我们去寻找。有了这样的理解，我们才能获得信心，不为目前的"低价值"而焦虑。新的一代的价值来源既在学习，更在于实践。在创造价值的过程中认识价值，这是一条历史之路。

年轻人该不该尽早买房

我们现在有很多的欲望,这个欲望比前一代人是更宽、更大了。比如,以前结个婚准备"三转一响"——"三转"就是自行车、手表、缝纫机,"一响"就是收音机——就可以了。

但是今天就大不一样了。举个例子,大概七八年前,社会学家李银河在北京大学做了一个讲座。她问在座的女同学:"如果你们要成家,你们希望结婚对象具备什么样的条件?"一个女同学站起来,说希望对方有一个七十平方米的房子,一份稳定的工作,再有五十万的存款。这个回答一出来,那边站出来一个男生大声地问她:"你凭什么要这个东西?我有这些凭什么要娶你?"双方非常对立,女生后来急了,大声地反问他一句:"那你会生孩子吗?"

从这场争论里,你可能会明白今天我们在爱情领域、婚姻领域中有那么多问题,很大一个原因就是我们对生活的期待高了,基本的要求高了,连带着对生活的欲望也高了,比如根据一份"全世界各国人买房的平均年龄段"的调查，中国这样一个中等收入国家，年轻人拥有第一套房产的平均年龄是二十六岁，而英国是三十六岁。我们居然是全世界最年轻的购房者，这样就把一些欲望、要求大大地提前了。这时候，就出现了一个大的问题，我们的欲望很多、很高，但是绝对不可能都实现，因为我们大量的资源都投入到房子里面去了。

也就是说，房子消灭了我们很多人生活的内涵。其实从人性的角度来看，欲望是一个特别需要我们去认识和反思的东西。英国哲学家罗素有一本书叫《论人性和政治》，里面说人实际上有四种基本欲望，这四种基本欲望都是非常强大的，并且每个人都有欲望，没有止境。

其中有一种是占有欲，就是人想能占有尽可能多的生活必需品，这样才能占有各种财产或资源。尤其是从贫穷年代过来的人，这种本能更加明显。

罗素之所以能认识到这个问题，主要是他家里收养了两个从爱沙尼亚大饥荒年代逃出来的小姑娘，她们在罗素家有吃有喝，但是她们还是会拼命地存东西，而且还会去地里偷土豆，拿回家藏起来。这些欲望有什么价值呢？实际上是没有的，那她们就只是单纯地恐惧。

我们说真正的人对物品的态度应该是拥有，而不是占有。拥有包含着一种美好的精神，比如你拥有这个世界，意味着你的感情和精神都很丰富，和这个世界有连接，否则你将会变得很窄，做事的目的只是偷盗。

第二种是竞争欲，竞争欲比占有欲更强。一百多年前德国皇帝访问英国，英国女王请他看海军检阅。这本是两国之间的军事交流，但德国皇帝回去以后满脑子想的都是如何超越英国海军，于是开始发展军事力量。很多人有强烈的竞争欲，一定要战胜他人，比别人过得好，但这很有可能为世界带来灾难。

第三种是虚荣心，追求名声、名牌，渴望得到他人的夸赞、羡慕。意大利文艺复兴时期，一位王子临死之前，神父问他有什么愿望，有什么需要忏悔，有什么遗憾的事情。他说，他最后悔的一件事情，是当年皇帝和教皇同时到这里访问，他把他们带到了一座高塔的塔顶欣赏风景，却没有把这两个人推下去，不然他将流芳千古。虚荣心就是这样害人，很多情况下让人对价值辨别不清。

最后一种是权力欲、支配欲。为什么很多人想拼命地赚钱呢？金钱也是一种权力，所以弱者往往喜欢花钱，买什么都可以，而且不喜欢探索自然。据我观察，爱花钱的人也是最恨钱的，以前受钱的制约太多，受没钱的苦太多，当他真正有钱之后，就使劲折腾，根本不懂钱的价值。真正维护财富、发展财富的人，他对自己的欲望、消费会有非常理性的认识。

支配欲会让人沦陷，并且是在无形之中沦陷。有人以为这种欲望跟自己没关系，认为自己的欲望很简单，比如希望大学毕业找一份工作，平和地生活，好像自己就能控制欲望。不是这样的。

因为你现在的能力有限，所以你潜意识里就过滤了一些欲望。等到你将来挣到了钱，欲望就会上升。况且消费主义从小就在你的潜意识中植入了很多的欲望。

我曾看过一个美国广告。一辆劳斯莱斯熄火了，两个中年人请其他人帮忙拉车，但他们都没带牵引绳。只见一位男大学生脱下牛仔裤，一头拴在劳特莱斯车头上，另一头拴在自己的车屁股上，启动汽车。牛仔裤被拉得一会儿长，一会儿短。最后，牛仔裤的品牌出现在电视屏幕上。广告很有艺术性，很有活力。或许你当时不需要牛仔裤，但为你埋下了愿望。什么品牌值得买？生活的格调应当怎样。当代人内心就有这么多不可克制的欲望，只是还没有爆发出来。

我们要如何处理欲望呢？欲望本身是有价值的，我们要仔细掂量，追求、渴望的东西里到底有什么价值？没有价值的欲望是失控的，比如消费欲望肯定是发散的，见一个爱一个；而建设性的、创造性的欲望会让你变得专注，这样你的人生就是持续恒定的，就像天上的北斗星给你指明方向。

人总归是要离开这个世界的。我跟许多老人聊天，他们告诉我，回首往事，能记住的往往不是得到过什么，而是自己给这个世界做过什么事情，提供过什么温暖。这就是价值。欲望的共性在于它们提供的快乐是递减的，而你做过的事情为你提供的幸福，却是永恒的。

内卷其实是个伪命题

现在有一个词很让人揪心,叫"内卷"。很多人见面问:"你今天卷赢了吗?"

当下大家感觉到这个问题,是一个非常好的现象,因为这个词给人一种反思性的态势。这个词来自人类学,是美国人类学家吉尔茨研究印度尼西亚的农业生态变化时提出来的概念。农业人口不断增长,于是想获得较高的产量,以维持庞大的人口,但这种劳动即便超密度投入,产出的比例依旧很低,因此用来指代大量没有效益的投入。

后来,我国人类学家项飙转化了这个概念,提出了今天我们的社会中,存在着陀螺式内卷——个人被抽打、旋转,但旋转没有价值。抽打来自外部,也来自内心,从而产生了宏观、微观意义上的内卷。

我不太同意内卷这个概念。内卷不是客观的,世界不存在内卷,只存在不断的运动和变化。本质上,内卷还是一种心理意识、主观意识。比如，大多数中国人都集中在东部，他们为什么不去西部呢？或许就是观念上的问题。可能在汉民族基因遗传里，我们是农耕民族、定居民族，所以我们都是聚集性很强的村落，缺乏移动感。

再比如马太效应，鼓励人们朝着一个方向前行。高考的时候，全国有近千万考生，但媒体的热点只报道那么几所大学。马太效应把最大的能量、最多的资源集中在宝塔顶端，于是人们蜂拥而上，你推我搡，巴不得别人掉下去。即便读完大学，也要在意他人的生活，看他们住的房子、开的车子、读的学校。进入这个轨道后，人就很难抽离出来。

如果这是个宝塔、金字塔型的社会，那么越往上，肯定就越拥挤。人们在对立之中追求相对价值，而不是绝对价值，想要高远的志向是不可能的，大家都只为了眼前的利益。所以这是普遍现象，是社会发展的必然阶段，为下一步变化奠定基础。

世界的规律就在于，它有正有负，有赢有输，会从一个极端发展到另一个极端。所以，当我们没有意识到这个问题时，沉醉在无序竞争之中，是不好的；现在大家意识到了这个问题，要想改变它，社会就要向着更高层次发展，向更好的方向转化。人们拥挤到东部，付出和回报完全不成比例，那么自然就会想去更有性价比的地方。如果都能够做到"春江水暖鸭先知"，像秋雁一样向更有发展前景的地方迁徙，那么内卷就会被疏解。而如果只盯着一点点空间的话，永远都无法解决问题。

面对内卷，我们要有自己的应对方法。运动的社会不会给你提供充分的条件去改变，这是德国思想家韦伯的马克思主义论，他指出：什么人最喜欢内卷的人呢？答案是资本家。资本家要赚钱，他喜欢勤奋劳动的工人，工人不要脱轨，要把全部的精力注射到劳动里去，不考虑其他。资本主义还发明出"工作崇拜"，也就是人生的最高价值就是工作，工作是人生义务，是信仰，要克制自己，要有坚硬的精神去承担高强度劳动。

资本家最不喜欢随心所欲的人、自由的人、勇敢的人。而这种人，能在精神中解放自己。社会对每一个人规定供给，同时也允许每个人有自选动作。比如跳绳比赛和体操比赛，我很喜欢看这两种比赛，因为在这两种比赛中，前一部分都是规定动作，看谁做得标准；第二部分是自选动作，发挥自己的独门绝技。而今天的人只有规定动作，没有自选动作，也不肯尝试。

我一直相信"天生我材必有用"，就看你自己是否能不拘一格，拥有雕塑精神、自由精神、探索精神，当然也必须有一种专业精神。

所以，当下的问题是很多人的目标和生活轨道太单一了。归根结底，是内心太卷了，所以没有自己的人生选择，只能被动选择。

这是多样的时代，发展的可能性远远大于我们内心所想，如果你只相信内卷，看不到世界的变化性，那么也就放弃了一部分可能性，被时代抛弃。历史上多次出现这种现象，但谁朝前跨出了有差异性的一步，去面对孤独艰难甚至危险的境地，世界就属于他。

所以，作为年轻的一代，你们要想到十年以后的中国跟今天的中国有多大的不同，否则，终将成为旋转的陀螺，在把能量耗尽之后，最终疲惫地倒下。

结婚必须金光闪闪？爱的"钱途"并不可靠

一位年轻的朋友跟我说，她大学毕业两年了，和男友恋爱了六年，以前觉得结婚很纯粹，真正面对时却发现问题来了，因为男方家里经济条件不好，她的家人都很反对他们的婚姻。

穷人结婚一直是难题，成都电视台的著名导演梁碧波拍过一个纪录片《喜事》，跟踪拍摄四川北部山区一个农民的生活一年多。这位贫穷的农民在相亲后定下亲事，当他去迎接新娘时，女方临时让他多出彩礼，让他措手不及。

结婚时都希望对方经济条件更好，这对不对呢？19世纪以前，找一个有钱人结婚是光明正大的，比如福斯特写的《法国中尉的女人》，查尔斯之所以愿意跟欧内丝蒂娜结婚，是因为她是工厂主的女儿。尽管查尔斯并不是崇拜物质的男人，但是毕竟和她结婚就能得到一大笔财富。在那个时代，人人都觉得很合理。两百年后，我们似乎开始把爱情放在第一位了。当一个人说要找一个有钱人结婚，就会有些不好意思，好像结婚是因为看上了对方的钱。

如今的生活在改革开放之后逐渐富足，人人都渴望过上好生活。1978年，江南地区遍布草房，后来草房被改造成简单的瓦房，再升级成楼房，最终又翻新成高楼，这变化是顺应历史逻辑的。我们不能说一个人想过好的生活不是问题，两个人想就成问题了。结婚之后，会带来新的细节和需求，等有了孩子，需要考虑的就更多了，所以，婚姻和金钱绝不是相互排斥的，而是互为条件的。

在某种意义上说，婚姻也是利益联盟，是两个人相互之间的支持，共同构造两人以及后代的生活。这是家庭的经济基础，从这个方面说，婚姻离不开一定的物质条件。当然，经过了几年奋斗，加上双方在彼此家庭的支持下，都能构建基本的生活。

然而，在如今社会贫富差距大、阶层差距大的情况下，结婚是不是要找一个可以让自己跨越阶层，明显提升生活质量的人呢？以前，上海的下只角女孩一心只想嫁到上只角去。所谓下只角就是工业区，她们想通过婚姻改变自己的命运。对于这样的问题，我们到底应该抱着什么样的期待呢？

首先要看"有钱人"是个什么概念。有钱人是个非常丰富的概念，各种各样的人都有。有一次我去参加朋友聚会，其中一个有钱人站起来说他最近去了西部的甘肃，看到当地有一个地方很贫穷，希望政府可以支持他们多开发新农业，帮助当地人改善生活。所以，有钱人里也有善良的，他们有知识，毕业于优秀大学，然后投身于各种事业。

有的有钱人则相反，缺乏人文成长。德国思想家韦伯的《新教伦理与资本主义精神》里分析16世纪新教的兴起，重要的一条就是要肯定财富的重要性。在旧基督教文化里，挣钱是一件很庸俗的事，是罪恶的。人应该只有纯信仰、纯精神，将一生奉献给上帝，天天读《圣经》就可以了。但新教认为有些人有赚钱的天赋，关键在于他拥有财富后，财富流向了哪里。在我看来，世界上有两种有钱人，一种是把有钱化为自己的肆意妄为，需要用金钱炫耀自己的人。对于这种有钱人，你愿意和他结婚吗？跟他在一起会开心吗？他看你，也是会将你物化的。因为一个人想要认识对方的精神和情感，必须自己有精神、情感。很多港台女性嫁入豪门，生活却很悲惨，就是活生生的例子。

有钱人里还有另外一种人，他们性情温和，很懂情感，有强大的创业精神，有了不起的生命力，是人类的精华。衡量一个人，不是依据有钱没钱的标准，归根到底爱情还是要讲感情，你要跟有感情的人在一起，跟懂得珍惜感情的人在一起，这才是根本。反过来说，你要是嫁给一些没钱的人，也很倒霉，他总会极端地处理事情，没有学习能力，面对世界缺乏从容感，活得非常单面，没钱的人里这样的也不少。所以，嫁给有钱人不是最重要的，嫁给什么人才是最重要的。

有钱人的最高品质体现在他的财富到哪去了。很多人一辈子就在消费观念里生活，不知道我们应当做一个创造者、开辟者、生产者去生活。如果你和有钱人在一起，共同把财富转化为社会的积极力量，给世界带来福祉，那么和有钱人结婚有什么不好的？

但如果你只是为了追求更高的消费，为了穿名牌衣服、买豪车、住洋楼，想和有钱人结婚，那么你是卑微的，人家看你，如同看一只金丝鸟，你是没有尊严的。如果你根本就没有这些观念，只渴望虚荣，追求外表的光鲜，那么就尽管去，而命运最终会如何，只有天知道。

我们的生活最珍贵的是从容平淡。2002年，我还在日本工作，觉得日本女人还是会追求"三高"：高容貌、高收入、高学历。现在看调查数据，似乎只要"三平"就可以了：平常的容貌、平常的工作、平常的学历。人们终于知道了人是最宝贵的，所有的东西都比不上人，人有温度，有精神，有情感，和一个能与你温暖相伴的人在一起，那才是最重要的。

当然，我不是赞成一个人为了爱情就可以什么都不顾，那也不正常。你可以需要一个基本的条件，不要追求极端化，好像恋爱、婚姻中绝不需要考虑金钱要素似的。

要不要嫁给一个有钱人，这个问题并不简单。找到你最喜欢的人是第一位的，至于外部有多少财富，那不是主导因素。最好的方式是，你找到一个人，因为彼此年轻，虽然没有多少财富，但你们富有创造力，两个人一起去创造更好的生活条件，积累属于你们的财富，最终创造一份小小的事业，但前提在于你们两人是相爱的。

什么样的断舍离最没用

断舍离这个概念在年轻人中已经流行了好几年。它源自日本房舍家居的收纳家山下英子,她首先在十多年前的《断舍离》这本书中提出这个概念。断,就是绝不添置那些不是特别必要的东西;舍,就是在现有的东西里进行筛选,只留下一些必要的东西;离,就是舍弃对物质的迷恋,这有很强精神的内涵。通过断和舍,最后达到内部精神的透明,这种透明不但要看到自己需要什么,而且要认识到自己是什么。

但实际上做起来还真不容易。在住处把东西都扔掉清除,这还比较容易,但如果越过物质的表面,回头看看心里面,东西是扔出去了,精神里还很多东西扔不出去,藕断丝连,很难获得明澈。

为什么会有断舍离这个问题呢?因为在社会合理的欲望外,还有一种自我过度满足的精神症状。美国有一部电影叫《一个购物狂的自白》,改编自英国小说,一个叫丽贝卡的美丽女孩,朝气蓬勃,但她有一种难以遏制的冲动,就是购物。她的人生哲学是"只要喜欢，那么不买可惜"。一个潜水工具非常吸引她，她认为买下它她可以去学潜水，这项运动对身体好，而且也很时尚，有一种不同寻常的感觉。于是她花了一万两千美元买下这套设备，但买回来后根本不用。因为这样强烈的购物欲，她欠了很多债。

我们现在很多人都是这样，冲动之下买了一大堆实际上根本不需要的东西，并且购物的人会不断给自己找理由。丽贝卡买了很多件内衣，每次买的时候她总是想："买内衣是女人的基本人权。"这么一想就买得心安理得了。

购物狂的心理过程，是让精神不断被消费控制的过程。而这种歇斯底里的狂欢，来自我们面对这个庞大复杂的社会时的无能为力，因此只能寻找一些让自己感到快乐的东西，购物就成为自我确认的方式，也就是用物质来填满生活，似乎就获得了充实感。

法国荒诞剧作家尤奈斯库有一部戏剧叫作《椅子》。他写道，在一座无名小岛上，一对老夫妻想做一个演讲会，请很多人来，于是叫人摆下椅子。但没想到无形中椅子越摆越多，他们无法克制地摆放，但最终多到堆了起来，最后就连来的人都被椅子挤得无处可站。老人很失望，跳出窗外自杀了。

这个戏剧即是讲"物质杀人""物质替代人"，生活除了物质没有意义。从这方面来说，购物欲是人精神内部的黑洞，买来的东西无所谓有用没用，而是他不停地被吞噬。

哲学家、思想家苏格拉底，一年四季穿着特别简陋的袍子，食物也是有什么吃什么。他最喜欢每天腾出大量的时间去雅典广场跟人聊天。他特别善于聊天,但不聊日常,而是追问他人现在为什么这样生活,为什么感觉这么好。苏格拉底是一个真正的生活简单、精神自由的人。

但这种方式放在当代社会也是不行的。因为当代社会正是围绕着人们的需求释放出生产力的。它有与之对应的生产和商品,我们既要生产,也要购物,在市场这个中介中完成商品交易。这样才能构造出现代化的、舒适的、自由的社会。然而在古希腊时期,苏格拉底没有这样的生产力,吃穿用度远不及现在,如今人们的生活要讲究健康、营养、时尚,这就要求我们多花费一些时间。这是历史的进步。

在这样的城市化环境、现代生活方式中,我们当然不能说所谓的断舍离就是立刻回到原始社会去,而是要寻找合理的生活方式。物质是一部分,但更重要的是内在、欲望。那些杂七杂八的欲望为什么这么多?归根到底,正是要清理精神。因此,断舍离的提出,说明很多人内心混乱。真正不混乱的人、简单的人,是不需要断舍离的。

村上春树大学毕业后结了婚,开了一家酒吧。一天,他看了一场棒球赛,如同得到神的启示——我要写作。写作前需要做什么呢?他觉得要整理生活,于是他舍弃了大量的社交,舍掉了他开了近十年的酒吧,重新开始。他之所以能做到,是因为生活有了目标,因此敢于通过断舍离汇集精神。

可以说,断舍离的前提,就是生活有目标。一旦你有了目标,你就能判断，哪些东西不需要，哪些东西需要。断舍离不是简单地扔东西，而是用的东西越少越好，但需要的东西一样也不能少，需要留下来。比如想写作的人，手里的书一本都不能丢。一旦你处于这样的状态，你会发现生活变得很轻盈，巴尔扎克曾经说过："人生的大风当中，我们要学一下船长。暴风骤雨之下，要把那些笨重的东西扔掉，减轻船的重量。"想要做到这一点，即便脑子清楚地知道某些东西需要扔，但不到关键时刻，你可能还真舍不得。

这跟摄影是一个道理。画面里只有一个焦点，其他都是辅助因素，不管是色彩、线条还是构图。写小说也是如此，围绕着一个任务和主题来推进。但人生有时候太散了，难以聚焦，看什么都觉得好，就像一张照片中，花鸟虫鱼草都有，但照片本身就没生命了，因为它没有核心。所谓的断舍离，就是把眼前的东西统统梳理一下，该送出去就送出去。

断舍离是"出"的哲学，走出原来一团乱麻的生活，抵达柳宗元《小石潭记》中"若空游无所依"的状态。水若平静到一种程度，鱼就显得特别清晰。事物往往是不破不立的，断舍离只是破，但是它的关键问题是要立，你需要立什么，然后围绕立去破。

如今盛行的消费主义浪潮不可遏制。然而有一种潜在的消费是无形的，比如互联网上的短视频，它能引诱你不停地往下看，这样时间就会失控，把宝贵的时间一点点消耗殆尽。这比物质上的诱惑危害性更大。在你二十多岁的黄金十年里，你要做什么呢？

断舍离重点不在舍弃已有的东西，而是要你在迎面而来的诱惑之中，可以控制自己，建立自己的事业，这才是年轻人的生涯。

今天说断舍离，并非在说将沉重的事物卸下即可，那太简单了。卸下之后，我们还需要装上一些东西，建立一个新起点。有一次我碰到学校的一位数学系的院士，我告诉他，你现在住的房子太陈旧简洁了一些，应该换一换，学校也会给你更好的配置。院士告诉我，要那么大的房子干吗，够住就行。你不要以为他真的是说"够住就行"，他是怕打开这种欲望之后，其他欲望就有了后续，就像那些无法被克制摆放导致堆在一起的椅子一样。不管是扔掉还是增加，不管是做减法还是做加法，减法做不好，加法肯定做不好。

现在的年轻人是历史上的第一代漂流者，做断舍离对于精神中的茫然，是很好的历练。

放弃完美生活，摆脱精神内耗

谷爱凌十八岁的时候就获得了两块奥运金牌，运动会结束后她便前往美国斯坦福大学念书。她不仅是个运动健将，也是一个学习天才，仿佛是个全才。这样一对比，有人便觉得自己的人生缺失的太多了，觉得如果自己的人生也可以像她这样完美就太好了。反过来说，这是他们对自己生活的失落，也反映出社会中自责心理和压力是普遍存在的。就像我曾经的一个老师，写文章时总觉得写得不满意，写着写着就将稿纸揉成一团，扔到垃圾篓里去。还有一些人更有意思，比如装修，屋子里99%的部分都没问题，只有一个地方令他不满，他就非常生气，将全部的目光放在这个小小的缺陷上，而这背后，反映的就是完美主义者的压力。

完美主义表面是完美主义，本质是陷阱。首先是人，这个人这也好，那也好，怎么看都没有缺陷，全身散发着金光，那么他到底是一个真实的人吗？难道一个人对世界就这么热爱吗？我想起我念大学时有一位老师,他说本科生最大的问题在于门门科目都想要优秀。其实,每个人的气质和天赋都是独一无二的,每个人真正热爱的东西也是不一样的,因此有几门功课是真正喜欢的,就要努力做好,因为一个人的精力和时间只有那么多,而有一些科目就不那么重要,不必对它们花费太多的注意力。一旦把人标准化、模范化,就会造成一个人的困境,容错率会变得非常低。一个人要带着他的缺陷继续往前走,同时付出自己的努力,这才是一个真正积极、健康的生活态度。

人是渺小的,用完美主义来框住自己,只会无限压缩自己。我们要欢天喜地承认自己是个有缺陷的人,承认自己是永远不可能完美的人,喜欢自己有缺陷的人生和生命,更重要的是活出自己的特质,在缺陷中不断往前探索。如果一个人没有缺陷,那还探索什么呢?闭着眼睛就能做出丰功伟绩,那是不可能的。

更可怕的是,有时所谓的完美主义,都是外部精心培养设计的,马尔库塞在他的批判理论里论述过,你的愿望看上去是自己的,但其实你从小就缺乏,社会给你传达各种各样的奖惩机制,从而让你埋下这个愿望的种子,让你花一辈子去实现它。有时候我看一个追求完美的人,会觉得特别悲哀,他像一个浮游生物,悬浮在水中,忙忙碌碌地追寻着什么。他不曾获得过幸福,只能处于因短缺而造成的焦虑之中。

当今的社会的确存在一些问题,比如,看到的跟可以实现的,中间存在着巨大的差异。这是一个视觉化时代,那些有内涵的设计、影像都让人特别向往，小到自行车，大到我们接触的形形色色的产品，都十分精良，除此以外，品牌化的加持也能给人巨大的诱惑。我很欣赏一个年轻人，能从种种诱惑之中穿越过去，而不是拿那些东西打造自己的幸福生活，那很可贵。有人吃饭一定要选好的餐厅，一进餐厅就要必点什么，其实，这个世界应该是很自由的，就像庄子写《逍遥游》一样，在生活之中，我们要有自己的标准，把主要精力和资源都放在此生挚爱的事情里，其余的事情可以很自在地去处理它。但有一些人是不自由的，他一定要这样，一定要那样，结果是把自己弄得心力交瘁，心中充满不完美的短缺感。

社会学中有一个新概念叫作"新穷人"。英国的思想家齐格蒙·鲍曼有一个理念叫"失败的消费者"，在消费型社会中，有一种穷人，他觉得生活始终是有缺陷的，不完美的，完美是自己达不到的。因为在现代资本主义社会里，我们看得到的都是消费，而生产过程中的很多东西我们都是看不到的。比如电器里的集成电路，它们被封存在电器中，你看不到其中付出的高级劳动，体会不到其中付出的代价，因此消费这个环节被大大地扩展。

在转变的过程中，人人都希望有高收入的工作，而这样的职位十分短缺，人们想获得的收入和消费需求之间存在巨大矛盾，因而觉得人生真是不完美，这就是鲍曼认为的"新穷人"。

消费型社会有巨大的流动性，变化很大，迭代效应不断出现。苹果手机每年都更新换代，换一部动辄六七千元，每个人都有被调动出来的欲望。但是，穷人并没有流动性的能力，更不用说更广阔的消费观念，比如国际旅行、昂贵的品牌消费等，所以，他们会感受到不断被社会抛弃，在这样的意识形态里，"新穷人"永远觉得生活是沮丧的，人生就在这种不完美的落差中耗散了。人生可以去创造的、去寻找的、去打开的，全部丧失殆尽，这样的思维逻辑是失败的。

在电影《楚门的世界》中，尽管楚门那么优秀，那么尽职尽责，大家都微笑着夸奖他，但他最终会发现，这只不过是一个工人搭建出来的巨大摄影棚，而周围的人包括他的恋人，都不过是演员。于是他要逃出去，千方百计地要逃出去。

美国作家詹姆斯·瑟伯有一部著名小说《沃尔特·米蒂的隐秘生活》。沃尔特·米蒂很无能，但他每天都在想象自己无所不能，一会儿是个病菌学家，能解决所有的疾病，一会儿又觉得自己是一个轰炸机的投掷手，开着飞机深入战场，用一枚炮弹就将敌方炸得全线崩溃。而在实际生活中，他既怕老婆，又是一个遇到任何事情都惊慌失措的人，非常可笑。

这就像很多追求完美的人，在悲观主义中陷入自己的幻想，用幻想构建完美，又用幻想衡量自己的生活，再给自己零分的负面评价。

生活是一步一步地翻山越岭，就像愚公移山那般，任何事情都不是一蹴而就的，有的事情甚至是一生都不能完成的。生活的意义在于建设的过程。即便苦难如此艰巨，即便你觉得难以跨越，但那种巨大的困难也是由一个一个细节构成的。我们不可能理解万事万物，做好每一件事情，所以我们才承认不完美，摆脱追求完美带来的压力。

更重要的一点是，人生不要害怕试错。从某种意义上说，人生就是一个试错的过程。人必然会不断犯错，所以在艺术中才会有残缺——在巴黎的卢浮宫里，胜利女神是残缺的，维纳斯的手臂是断的。如果只是欣赏艺术作品，或许我们还能轻易地接受残缺，但如果是对待自己的人生，恐怕就比较麻烦，尤其是在面临选择的时候，你想找什么工作，想跟什么样的人谈恋爱，最大的障碍都是完美主义。

在人格心理学中有一种人，往往会在各种可能性里五心不定，看看这个，又看看那个，一生都在跑来跑去，最后一事无成，就像苏格拉底的麦穗寓言里一样，弟子们始终想找到一个最好的麦穗，但他们永远认为最好的麦穗在后面，走到最后才知道已经错过了最好的麦穗。这是人生的陷阱，尤其是人在年轻的时候容易犯这样的错，觉得以后的路还长，一定可以遇到更好的，所以无法定下心来。可是，这个世界哪里有完美的人生呢？一切光鲜的背后都有艰难跋涉的路，不可能有轻而易举的事情。很多年轻人并没有这样的力量，把事情想得太过简单，这就是很大的误区。

有时候，我们会以为人生的完成度很低，那是因为想得太多，想要做点事，但总觉得不完美，觉得有不满意的地方，晃来荡去，时间就没了。

人生需要付出巨大的努力，而有一种努力，就叫作"试错"。若走了跟别人不一样的路，没有人会承认你的一切，相反，走另一条路或许很热闹，众声喧哗，好像大家都很开心，一路走下去，上学，成家，生子，人生就这样过去了，一辈子也没有活出什么独特的价值。这是生命的另一种不完美，如同我们在书中看过的，落地的麦子不死，生命的韧性就在这里，我们会犯错，大量的错就决定了你的生命不可能是完美的。但是在这种不完美中，我们不断地让生命打开，迎接新的光芒，不断地释放，培养新的力量，开创新的生活，我觉得这样就很积极。如果你说它是一种理想主义，我觉得是的；如果你说它是完美主义，我觉得它更是一种积极的完美主义。但我更愿意用"理想主义"来替代它，抓住生活里可能实现的那一点儿光芒，去打造新生命，而不是外在的虚幻标准，比如豪宅、豪车，那些被资本设定的东西，那是消极的完美主义。

在今天这样一个"归零时代"，世界变化那么大，打开的东西太多，都是有史以来从未发生的。面对世界，我们确实像孩子一样充满了好奇，同时又像刚学会走路的孩子那样摇摇晃晃。古人说"寸有所长，尺有所短"，寸和尺当然各有长短，但重要的是，你把它们放在什么地方，我觉得这是我们可以从古代智慧中学习到的生活态度。

第五章

超越有激情无信仰
用不变的相信创造永恒

什么是信仰？苏轼的《前赤壁赋》说："盈虚者如彼，而卒莫消长也。盖将自其变者而观之，则天地曾不能以一瞬；自其不变者而观之，则物与我皆无尽也，而又何羡乎？且夫天地之间，物各有主，苟非吾之所有，虽一毫而莫取。"信仰就是生命的"不变"，是人与世界"皆无尽"的关系。天地万物葳蕤，但每个人都各有所爱，不是自己内心向往的"不变"，则"一毫而莫取"。说到底，信仰就是人生最根本的价值选择。世界变幻无穷，天下没有凝固的事情，如同德国哲学家黑格尔的结论："一切都是过程。"

个体生命需要人生有始有终的完整性。人生不满百，百年能树木，一生应该有一种不能放弃的东西，让人获得精神的成长。对人类来说，社会需要文明、美好的价值、面向阳光的追求。诚如哲学家康德所说："世界上只有两种东西让我敬畏，一是头顶灿烂的星空，二是人的心中崇高的道德准则。"

在今天的时代里，各种流行波涛翻滚，让人们激动的事情层出不穷。后现代文化理论思想家杰姆逊形容当下人的狂热，是"歇斯底里的欣快"。消费社会的深处，总是想方设法给人们创造无穷的欲望，让大众奔忙在绚丽的镜像中。然而事过境迁，快乐又烟消云散。很多年轻人迷恋过一个又一个偶像，走过一个又一个春风沉醉的晚上，但回首看，却是一个不断放弃的过程。曾经迷狂过的，早已不值一提，而有的曾经忽略的人和事，却蓦然发现是那么珍贵。这就是年轻的成长，成长中总是有一份不能遗忘的东西，它深深地藏在内心里，可能在某一个时刻，突然发出了自己的声音，让你明白，在你的生命里有不能放弃的唯一。它是你的价值，是你真正的幸福。这就是我们的信仰，是我们撬动地球的支点。用持续的人生尝试去明白自己的信仰，在澎湃的青年时代，这是一个多么关键的问题。

你愿意为什么放弃一切

今天的 90 后、00 后，都是很有解放感的一代，他们个性鲜明独立，甚至叛逆，喜欢进行形形色色的圈内活动，比如蹦迪、和"粉丝"激烈碰撞等，看起来比上一代人活跃得多。

但若要问他们的信仰是什么，那他们就很难回答了。所谓信仰，就是终极的价值——生活到底是为什么？生命最终的追求是什么？

德国哲学家康德在《社会批判理论》里提到过：人为什么要行善？行善有时候会吃亏，可能还会被人欺负。但康德说，行善是一种绝对的信仰。我们所说的信仰不是上帝或者佛祖，而是人生中持久的、恒定的、永远的信念。

有一年我去浙江省金华市的浙江师范大学，认识了一位女教师，她毕业于中国美术学院绘画专业。彼时她和丈夫都在杭州读书，后来她到浙江师范大学任教，她的丈夫放弃了在杭州的生活条件，跟着她来到了金华。她的丈夫是《中国美术史》中隋唐部分的撰稿人，写作水平非常高，多次去大西北做考察。爱情是他的信仰。

不幸的是，她的丈夫得了癌症。去世以后，妻子为了怀念他，便去找他们之间的情书，但一封都没有找到。后来她才知道，丈夫把所有的情书都烧毁了。

她明白了，因为丈夫生前对她说过："我死以后，你要赶快建立新生活，不要总是沉浸在悲痛里面。人总是要离开的，生活才是第一位。要和亲人一起奔赴新的生活。"

昆明市七八十公里之外有个小水井村，青年们的生活很淳朴。那儿有一所教堂，是曾经的法国传教士留下来的，教堂有一个唱诗班，除了唱赞美诗以外还唱别的优美歌曲。

后来他们有人出去打工了，他们告诉我外出打工可以挣得多一点儿，但是不能唱歌了。他们合唱团一个礼拜一定要唱三四次歌。

后来，人们发现了他们，邀请他们去美国、欧洲演唱，大受欢迎。他们的嗓音没有受污染，是那样清澈。所以，他们的信仰是唱歌，多么简单，一生就只有一条主线。这也是非常强大的力量，靠信仰可以把生命支撑起来。生命如有内核，必须是信仰，是内心深处永远不会放弃的东西。

但当代年轻人有一个难处，这是历史遗留的问题。鸦片战争以后，中国社会本土发展的主逻辑失去了，中国青年的历史断了。在两百年前，中国青年的文化逻辑很清楚，比如忠孝，这些从《论语》《三字经》里都可以得到。

但是，1840年后，这些东西慢慢瓦解，而新的文化没有很好地建构起来。在这个基础上，年轻人的信仰从何而来？加上全球化的发展使文化更加多元交错，年轻人只能匆匆忙忙地追赶。从文化方面来看，年轻人建立信仰需要一个过程。

所以，当今的青年要建立自己的信仰颇为不易，需要经历长期奋斗，在无数人的生长中去寻找共识，进行价值的沉淀，最后达到信仰的层次。

当年，我去巴黎的丁香园咖啡馆时，非常感动。海明威就是在这个地方，把文学当作信仰的，其他都不能代替。海明威在丁香园咖啡馆狂热地写作了三个礼拜，终于写出了《太阳照常升起》。他曾经历过意大利战场，炸弹爆炸后七十多枚弹片击中了他。医生为他拔出了三十多枚，身上还有三十多枚弹片。就是这样的人，文学使他的生命在另一个层次上生长了。

《太阳照样升起》并非在结构和叙事上无懈可击，但其中的激情和信仰是无法忽视的。后来他写《丧钟为谁而鸣》，表达的是热爱人类，每一个人的死亡，其实就是自己的死亡。他仿佛进入了古代牧师的布道的画里，诉说着欧洲每一个海岸的坍塌，仿佛是整个欧洲的坍塌。他是怀着这样的心情去写作的，这需要上升到很高的信仰层次。

我们每一个人都要问问自己：我们有激情，但是有没有信仰呢？这个时代的年轻人青春勃发，充满了流动性、燃烧性，但是同时也要有像星空一样恒定的东西。正如歌德所说："两样东西时常让我们充满敬畏之心，一是头顶灿烂的星空，二是我们心中的道德。"这样我们才能建设出富有动力、坚定不移的生活。

一边垂头丧气，一边假装努力

现在很多年轻人觉得很丧。这个"丧"是什么意思呢？据我的观察，就是他们觉得活得有点"肌无力"，什么道理都懂，可惜就是过不好。每天在不喜欢的生活里忙得焦头烂额，特别想"生活在别处"，但是又没有改变这一切的勇气和力量。他们的向往远远大于行动，或者说能力。

这样的日子一年一年地过去，他们觉得自己毫无长进，不仅如此，最后还觉得生活越来越涣散。

这种生活的无力感和沮丧感是非常正常的。在你还在学校读书的时候，你年轻、热情而浪漫，形成了自己的想法和理想，但是毕业进入社会后，顿时觉得这也难那也难，一切都不一样了，难以坚持自己的理想，有的人就会感叹自己以前是不是太理想主义了。

但这是一个误区。你自己认为以前的想法叫理想主义，但它并不是真正的理想主义，在很大程度上是假的理想主义。为什么说是假理想主义呢？因为它并没有渗透到社会生活里，没有生活的依据，那些都是你从书本上或间接的地方吸收到的。在这个世界上，如果一种特别美好的追求没有经历过社会的实践、生活的淘洗，那么想要实现它就非常困难。

我经常遇到一些人说自己当年还是个文艺青年，后来却放弃了文学，现在想想都惭愧。但我想说，你当年恐怕只是个假文青，你如果真的热爱文学，那你是不会放弃的。想要实现某个理想，必定要经历踏踏实实的积累的过程。巴尔扎克当年想要追求他写作的理想，家人们都不同意，但他坚持要写。家人说给他三年的时间，能写出来，就承认他有写作才能，写不出来，就说明他不行。巴尔扎克坚持写作了三年，他的坚持就是做同一件事情，这是一种实践，而且他的坚持是建立在自己发自内心的热爱之上的，并且他也有天赋。

我们当然要追求自己的理想，但我们的追求应当从内心里成长，并通过对现实生活的认识和积累的经验，最终形成自己的理想。这个理想既有一种超越性，又有丰富的现实依据。理想是有内核的。

所以，我们有很多理想只是想象，不具备现实性，那种理想的美是透明而单薄的，一旦碰到现实的阻力就立刻破灭了。有的人说自己的理想破灭是个悲剧，但我觉得并不是，可能根本就没有什么悲剧，因为他并没有真正的理想，只有幻想、虚想，最终像泡泡一样破灭了。

有追求总比没有追求好。年轻的时候追求一个虚幻的理想，追着追着，他可能认识了世界、认识了自己，反而找到了自己要终身投入的生活。

我觉得，真正追求美好的生活，其实是一个了解和创造的过程。任何人在世界上都是这样的：第一步，当你要理解、追求一个东西的时候，你只是一个爱好者，你喜欢它，但这种喜欢很浅显。在爱好者这个层次上，人们会有很多虚幻，比如你看到一个人弹吉他，很喜欢，但自己一试却不行，所以喜欢和去做还是有很大的差距的。

第二步是什么呢？就是做学习者，比如你喜欢凡·高，但你只是沉迷于看他的画册，那叫什么喜欢呢？他的星空描绘了什么，向日葵象征了什么，这些都需要你去学习。你要了解凡·高的一生：他经历的痛苦、他的孤独、他的创作过程、他的探索，这才是真正地从喜欢者变成学习者。若有余力，你还可以去法国的普罗旺斯看看他生活过的地方，感受他的气息。这时，你喜欢的不只是一幅简单的画了，你体会到了凡·高的生命。你们之间产生了共振，凡·高也在调动你，你自己也在不断成长，这时你可能就慢慢地进入一个生产者的角色了。

作为初级生产者，你想要表达出一种凡·高式的激情，你可以通过音乐、绘画的方式，也可以通过文学的方式，不管是什么，你的内心都有一种不可遏制的激情催促着你去表达。但你表达得不好，你达不到那个境界，这时候你要学习，因为你发现自己欠缺一些东西，色彩学、构图学以及人文、历史等，方方面面。于是，你就这样从一个爱好者，一步一步通过专业化的训练，成为一个特别杰出的生产者。

我在大阪的时候，看到一个四十多岁的中年妇女在电视上教布艺。和绝大多数日本女人一样，她毕业以后工作了两年就结婚了，婚后作为职业太太在家带孩子。四十岁的时候，她居住的房子很大，时间充裕，想做些事情，但干什么呢？她有些茫然。她忽然想到自己小时候特别喜欢画画，但现在是不是来不及了呢？只要那些色彩纷纷涌到她的眼前，她就很快乐，想把它们拾起来，于是她开始做布艺。布艺和画画有共通之处，她骑着自行车在大阪的大街小巷上转来转去，在各家布店里收购碎布，回家后在地板上拼凑碎布。这时，她意识到自己缺乏太多东西了，比如色彩理论、构造理论等。她渴望学习，迅速行动，学到后就开始做各式各样的床罩、窗帘、布包，后来，这个中年女人成了日本杰出的布艺老师，在电视上教授布艺，自己也成立了品牌。

热爱是一个不断深化的过程，一旦深化就停不下来。因为你从一个爱好者，变成学习者，最后成为生产者，任何一步都不能放弃，这就是我们的人生。当你在感叹哀怨时，那不过是在荒废自己。行动不是凭空就出来的，你必须认识到自己要有一步一步走下去的力量。

你内心深处萌发的兴趣，它既有人性的基础，也有你的特性和天性的基础。你要让它生长出来，而这个生长，需要你日积月累地学习，你的生活才能建立起来，就像一朵花的根必须延伸进土地，它才能长出来。我们不能那么轻易地说："我的理想破灭了。"你要好好想想，你的理想到底是什么，有多少依据可以实现它。

我们这一代年轻人有很多机会，我觉得这很可贵，机会多也意味着每个年轻人需要力量和勇气。所以，千万不要"丧"。当然我也知道，"丧"实际上只是年轻人在某一个阶段的状态和过程，是内心深处给自己的一种宽慰和自嘲，通过这种方式获得缓解和调整。我希望在经历了一段"丧"之后，我们依然可以做有力量的人，去探索新的世界。

低学历的攀登路

最近我看到"学历焦虑"成了现在社会一个很突出的现象，比如，大公司都要求应聘者要有高学历，甚至四大会计师事务所只在几个学校招生。学历成为门槛，学历高受到普遍欢迎，反过来又形成了学历鄙视链。

鄙视链是客观存在的，因为人类社会的荒诞在于它往往不看你的实际能力，只看外在的身份标签。我常常坐高铁，在高铁工地上，除了工人外，大部分人都是学习工程学出身的，他们既不是985也不是211，但他们就是国家建筑的主体，在工地上解决具体的问题。如果他们不存在，国家也将很虚弱。只是我们往往会忽略这群人。

鄙视链的存在也是一件很糟糕的事情。因为我们要建设一个充满活力的蓬勃社会，而不是一个失败的社会。在高考制度下，学生没考上心仪的大学，好像就是失败者。两人相差的分数不多，却可以让他们天上地下，仿佛几分就能决定命运。

从科学的角度看，若两个人都在乡村，一人上了大学，而另一个人没有上，前者获取了院校的知识资源，后者也会拥有当地的资源，会真正认识这片乡村土地的价值，有大量的土地需要再开发。我认识一个苏州的小伙子，毕业之后没有去城里找工作，而是组织了五十户人家，组成了养大闸蟹的合作社。现在学习的渠道很多，比如电视大学、网络大学，它们可以帮助人们解决实际问题，发展自己，这同样也是一种道路和投资。

只是，鄙视链让人很沮丧，让人觉得自己没有前途。从历史上看，不管是艺术家、作家还是科学家，很多人都没有学历。我很佩服复旦大学电光源研究所所长蔡祖泉教授，他就是工人出身，做技术发明，研究怎么解决一些高端问题，例如光源的转化、能量的转换等。后来，他研发了好几种灯管的新光源，最终成为复旦大学电光源系的教授，成为国内这方面的顶级人才。蔡祖泉教授就只是依靠自己，在劳动中创造出了自己的价值。

再如著名的武侠小说家金庸，1944年，金庸在重庆就读于当时的中央政治大学的外交系，后来被开除了，于是去做记者、写文章，直到他创作出武侠小说。

研究国学的钱穆，在常州读国学，因为家里很穷，读到一半就辍学了。他后来做了十年的小学老师，在这期间专心攻读儒学、史学，最后写出一本《论语文解》。

我们不能看不起任何人。鄙视链很肤浅，它让你看不到人是有无限活力，有学习性、成长性的。在鄙视之下，很多人会喘不过气来。从社会心理学的角度看，一个人若在被鄙视中长大，他便会有很多怨恨情绪。因为被鄙视的人往上看，他看到了阶层、压迫，便很难有丰富的感情——而这一切，只是因为没有考上好大学。

年轻人一定要秉持这个观点：你要努力去考上心仪的大学，但是这不是唯一的，社会就是一所大学，学习是一个非常大的概念。如果没有考上，无非就是后面的路要调整好。换句话说，哪怕你没考上大学，也会拥有一个特别好的人生。但前提是你要对生活充满热情，对人间释放温暖，倘若没有，哪怕你上再好的大学也是冷冰冰的，无法给社会带来热量。

其实，每一份工作都有改良和提升的余地，可以对人更温暖。例如当一个旅客抵达一个新城市，对陌生的地方充满新奇，当他乘坐出租车，司机是否可以为他提供一张地图？当他住进民宿，店主是否可以为他提供当地餐饮的特色介绍？我到北京喜欢坐出租车，北京的司机话特别多，让我觉得我不是乘客而是哥们儿。那些充满怨气的人是不会提供这样的温暖的，他们只有抱怨。

高学历的毕业生压力很大，因为他们带着标签，所以承载的期待更重，人们认定他们比别人更强。压力大本不是坏事，只是压力成了一生的辛苦。我原来有个学生毕业后在南京工作，七八年后想回学校看看，走到学校大门口又不好意思进来，觉得自己从复旦大学毕业，却没做出什么大成绩来，转身坐上公交车离开了。她碰见了我，跟我诉说了心路历程，我很是感慨。

我以为，最根本的问题在于：人生的幸福在哪里？是不是一张学历就注定你是否幸福？很多文学作品的主题都是在拷问这个问题。我印象最深的是梅特·林克，他于1911年获得诺贝尔文学奖，他有一部戏剧作品《青鸟》。蒂蒂尔和米蒂尔为生病的邻家女孩寻找青鸟，找到青鸟才会找到幸福。第一幕中，他们在房间里发现了面包、糖、火、水、牛奶等，他们全都活过来了，一起讨论什么是幸福。他们一起出发寻找，找到了黑暗的幸福、肥胖的幸福、贪婪的幸福，但那些都是夜里的幸福，天一亮那些幸福就不见了，后来他们又找到了健康的幸福等，却一再受挫。回到家后，邻居请求蒂蒂尔把他的小鸟给她生病的女儿，这时蒂蒂尔发现他的斑鸠变成了青色，女孩得到了青鸟，病就痊愈了。青鸟代表着幸福，但他们最终发现幸福不在远方，就在身边。这意味着学会关心他人，学会为别人的幸福付出，就是幸福。斑鸠变成青色的过程，是生命成长的历程。我们最终会发现，幸福不是一纸学历，这个问题想清楚了，我们都可以活得很充实而镇定。

学历歧视是历史遗留的问题，如果你被它牵引，那么就太被动了。如果我们有信念，有自己的判断，做到无愧于心，热情劳动，努力学习，那就是充实的一生。

做梦都想进大厂，不过如此

每个刚毕业的大学生找工作时，都无法百分之百地认为，自己在这个关口可以做出最正确的决定。不管是选择什么工作、还是去哪一家公司，都是需要思量的。每个学生都是如此，到底是去创业型公司还是大厂，非常纠结。

无论什么选择都是正常的，没有哪个绝对好、绝对不好。有的人希望一辈子风平浪静，一辈子春种秋收，对这样的人来说，大厂像一艘万吨巨轮，他在上面觉得很安心。并且，进大厂还有一个好处，那就是在传统观念中，去大厂后抗风险的能力很强，父母也很高兴。去小厂甚至创业公司，就像驾了一只小船行驶在风浪里。但有的人就喜欢在风浪里穿梭，就是喜欢挑战。法国作家罗曼·罗兰，不知道自己要写什么。有一天，他去爬阿尔卑斯山，爬到山顶后，天还黑着，忽然间，他看到霞光万丈，太阳也从心里点亮了。他知道自己要写什么了——写有探索性的人，写没有在别人走过的路上开拓的人。他想到了音乐家贝多芬，想到了作家托尔斯泰，想到了雕塑家米开朗基罗，写下了《名人传》。所以，没有所谓大厂小厂哪个好，适合自己的就是好的。

大厂可以有很多细分，比如去做公务员，所谓的"铁饭碗"；或者去大型成熟的跨国公司、国企。大厂有稳定的体系和阶层，指令发布层层规范推进，落实贯彻执行。所以你想寻找自主和自由，恐怕是比较难的。有句老话叫"形势逼人强"，即外部是非常刚硬的存在，一个人来到这里，是什么就是什么。有一本书叫《过时的人》。什么是"过时的人"？比如农民与耕作的时间是相互渗透的，即生产和个体之间的匹配度很高。后来出现了小作坊，需要工人选材、设计、制作，全程工人都是有自主性的。工业体系出现后，人在体系中微不足道，个人和系统毫不对称。比如一个工人面对机床，不懂电器控制系统、半导体、智能化的原理，便只能按照流程规范操作。人在流程面前变得无能为力，完全被驯服。

所以人的价值在哪里？你创造的价值在哪里？这就难说了。再如，进入大厂还必须严格管理自己的外在形象，从发型到着装都要符合大厂的要求，而这种形象或许是自己不喜欢的，还得做心理建设。心理建设就是不断顺从的过程，顺从的日子久了，一个人的精神就越来越固化，这可以从他的眼神中看出来。所以有的学生工作了五六年后，人变得有些陌生了。他身上有一种无形的沉重，即学生时代的书生气、单纯气，被他那一身装备、言谈和仪态同化。此外，大厂的衡量都是非常量化的，那么你到底拥有多少自主性？毕竟你是围着指标转的。

我特别钦佩法国思想家福柯。马克思当年分析人在雇佣劳动下的奴隶状态、异化状态，其中，福柯提出了核心的指标，在资本主义制度下，人丧失了自由时间。福柯对时间的概念做了特别细化的分析，他认为现代社会的时间被拥有资本的阶层控制了。时间和金钱是紧密扣在一起的，个人生活都被钟表控制，丝丝入扣。所以生产者必须量化雇佣者的劳动，控制他们的时间。因此，大厂的监控力很强，比如按时打卡。打卡就给人以强烈的工具感，被资本控制。很多年轻人为了不迟到，一路狂奔到公司，只为了能按时打卡。所以大城市的早高峰里，地铁按时把人们送往不同的地方，人们在地铁里被挤成了沙丁鱼罐头。你会喜欢这样的生活吗？

当然，大厂也是我国经济不断优化的结果，代表了人类文明在生产领域里的最高水平。大厂意味着拥有高收入的同时，还有稳定性、抗风险能力。

只是，小厂也有它的优势，比如船小掉头快。作为庞大企业的微软，曾经也是比尔·盖茨创办的小公司。他们接到了IBM的订单，在磁盘上开发操作系统。IBM作为巨型公司，根本没看上这么一点点小利，觉得不过是附带的利润，他们没料到的是，个人电脑居然会普及全世界。所以，大有时候是沉重的负担，而小厂灵活，因而看待事情的眼光就不一样。我们不要看不起小厂，或许你在那里发挥的余地更大。一些年轻人不愿意去大厂，不愿意在年轻的时候变成中年的模样，不喜欢在大厂面前显现个人的渺小，宁可在小厂做一个比较完整的人。

倾听内心的声音，到底要怎么生活，这才是最重要的。有人去大厂是为了虚荣，觉得自己的价值感不够，要靠外部来支撑，给自己光环。但是，哪怕你上了再好的大学，去了再大的厂，你没有足够的知识积累，没有足够的探索性，也不行。相反，即便你一个人组建了公司，外人也会尊敬你。靠外部来给自己贴标签的人，气势就降了一截。

我有一个基本理念，人来到世间做什么，对社会有什么价值，这些是最重要的，其他都无所谓。不要看这个人身价多少，关键看他做了什么。回顾一生，一个人最自豪的应当是自己做了什么，它不是抽象的，因为这件事给世界增添了具体的东西。在这样的状态下，不管大厂小厂，在你面前都是平等的，选择是双向的。

东汉开国皇帝刘秀曾与说客马援有一场交谈。刘秀问他："你在两股势力里如何游走？"马援说："当今之事非独君择臣也，是臣亦择君也。"我很喜欢这句话，它说明我们是自己人生的主人。从这样的观念出发，不管选择什么地方，都有利于成长。成长不是坐在某个地方修炼，而是看我们最终能为世界做点什么。

考公不是一线天，出了罗马路条条

如今，很多人考公务员都是被父母逼迫的，这是因为对于体制的看法，父母和孩子存在很大的差异，导致了很多矛盾。

首先，父母认为公务员好，有它的历史原因。新中国成立以来，我国经历了长时间的动荡不定和阶级斗争。老一辈的人在这样的大历史中走过一生，经历了阴晴风雨、人生万象，见过很多坎坷。最终，他们最大的心愿就是希望自己的孩子人生稳定，不想他们扬名立万、大红大紫，只希望他们平平安安，尽量过得风调雨顺。从父母的角度看，这是非常能理解的。

我常跟年轻人说，一定要高度尊重自己的父母。1998年，我在韩国教学，很多韩国老人的腰，尤其是妇女的腰都弯成了虾米，这正是他们年轻时背东西、顶罐子的后遗症。汉江奇迹以后，朴正熙时代经济起飞，宏观上看是一个国家的进步，但具体到个人，那是付出了多少艰辛啊！老一辈人脸上都刻着风雨的痕迹，所以我跟韩国学生说："你一定要特别尊重你的父母。"因为他们从历史走过来，给了你完满的生活。

你尊重他们，但你不能什么都听他们的。他们属于那个时代，而你要有自己的思想，把自己的生命过得精彩，这才是对父母最大的尊重，也是他们最大的幸福。

世界上有两种人：一种希望自己到这个世界上来，通过做一件新的事情获得价值，把个人的声名和社会的发展连接起来，这件事情能给予生命力量；另一种人寻求稳定的生存，希望这辈子风平浪静，没有什么风险。

人是很丰富的存在，各方面都不一样，我并非说渴望稳定就是庸俗软弱，毕竟每个人都有自己的上限和下限。由于各种各样的原因，有的人适合稳定的生活，我不能苛求，但是我还是希望年轻人顺应时代的要求，要有远大的追求。从本质上说，公务员本身并不是最重要的，因为从社会需求上看，公务员的要求也是非常高的。如果一个公务员过得很清闲，每天只是喝茶看报，这是一个很差的公务员，愧对公务员的名号。

我在云南施甸怒江边时遇到一个女孩，是镇上选拔的选调生，正投身于扶贫脱贫事业中。工作很有难度，只是照搬上面的政策也不行，还要有创造性。她开车带着镇长、书记到少数民族的村落，比如布朗族、傈僳族，到农民家中，和他们一起谈生产。他们会端出不怎么好的酒，拿出自己腌的腊肉，点起篝火，又唱又跳。回来的路上，车在怒江边开着，行驶在高山峻岭中，因为下过雨，道路泥淖。爬坡时，车一直往下滑，她告诉我，那时她冷汗直流，身上湿透了。光是开车，她就坚持了一年。

青春的生命投入在呕心沥血为他人服务上，会感到巨大的价值感。如果你要做一个好的公务员，不想混日子，在这个时代是很不容易的、不平稳的。精神软弱的人生永远是动荡的，处理不好大量的事情。

我有不少朋友，进了体制当公务员，有的还是非常不错的重要岗位。后来有人觉得自己另有渴望，想在社会上探索更大的空间，于是辞职去办影视公司，去做工作室，干得有声有色。

没有了依靠，就只能靠自己。人本身就是奇迹。当你心存依赖，你不知道自己的能量有多大；真正去做的时候，才发现自己原来这么行。最大的平稳是把力量调动出来，否则作为弱者，只能躲风避雨，畏畏缩缩的，你会遇到更多的问题。即便是去做公务员，也实现不了平稳。因此，要在历史潮流里要把握好人生方向，看得更长远，否则你将很被动。就像学自行车一样，总是盯着轮子，肯定不行，后来你会明白，往前看，身体就自动找到了平衡。

这个时代和以往最大的不同在于，它是万众创新的时代，原创的时代。我们国家最缺的就是原创，不管是文化的、科技的，还是社会思想的。原创怎么来的呢？来自社会实践。如若你追求安稳，你将丧失机会，无法打开自己。

人生价值应当远远大于进不进体制，80后、90后、00后都是中国有史以来最伟大的几代人。在农业社会中，我们是世界的最高峰，但现代社会中，我们晚了好几代，这是他们这代人的机会，因此，不应当被进不进体制、要不要安稳这样狭小的视野所掩盖。

笑看年轻人的两种躺平

现在的年轻人中间流行一个词："躺平"。很多人觉得现在内卷很厉害，不管你怎么努力，你都不可能过上向往的生活，心里越来越拒绝努力，最终决定躺平，什么也不做。

每个人对此的反应各不相同。比如有的大学教授，觉得年轻人千万不能躺平，躺平是对自己、对社会极不负责任的。一些在经济和社会领域很有影响力的人物也对年轻人的躺平态度很怀疑，认为个人和国家没有未来。

我认为，年轻人想躺平，这是他们愿意去思考、选择自己生活的积极现象，为什么呢？这就是时代的发展，我们可以回想一下，改革开放之前，我们上一代的奋斗精神，具体体现在：铁人王进喜的事迹、大庆油田的开发，还有"农业学大寨"运动中提出来的"先治坡，后治窝"。所谓"先治坡"，就是建设山上的地，先生产；"后治窝"，就是等到经济发展后，生产搞上去后，我们再来想怎么过自己的小日子。现在年轻人的想法有变化，这个变化应该感谢改革开放的实施。经济和社会都在发展，所以这一代人对于生活的理念有所变化。我接触的 90 后和 00 后，没有一个不为国家的发展而自豪。

但另外一方面，他们又和上一代人不完全相同，他们非常注重个人生活的自由。也就是说，我们现在进入一个既追求国家繁荣富强，又追求个人自由幸福的生活阶段，我们为社会、国家和民族做贡献是理所当然的，但是不是唯一，个人也有他追求幸福的权利。

有一次我跟复旦哲学系的俞吾金教授散步时，聊到这个问题，他深有感慨，说他看《资本论》时深深体会到一点：个人的全面解放是马克思主义的出发点，所以这并不是突然的转变，这是我们国家、社会追求的目标。

以前我们国家太穷了，实行改革开放时，人均 GDP 才三百八十一元，所以发展国家是当务之急。如今我们的国家发生了天翻地覆的变化，2020 年全国人均可支配收入是三万多元，而真正拿来消费的约两万元，其中吃的支出占了 30% 左右，也就是六千元，此外房子的支出在 25% 左右，这两项相加就占据了一半多，更别提交通费等。而文化、教育、娱乐总共才占 7%，遇到这样的经济状况，年轻人就会有一种拒绝感，这是上一代人没有的，因为上一代人觉得艰苦奋斗是理所当然的，奋斗的价值不容置疑，而今天的人就觉得不完全是这样，他想知道自己活着的价值，他想过心之所向的生活，但现实却不是身之所往，两者割裂开后，他们就想躺平了。

躺平不应当从字面上理解为不奋斗了，而应当理解为停下来，换个状态想一想，自己到底该不该这么活下去。年轻的一代刚刚进入职场，可以说是手无寸铁，他们靠着希望生活，再苦再累，有希望就好，希望后面则是价值。他们最大的希望，就是有一个自己的小空间。然而整个社会是怎么对待他们的？很多公司的领导觉得年轻人加班是理所当然的，但是这是上一代人形成的观点，觉得奋斗、加班乃至996都没问题。但改革开放的目的，正是要一代代有更好的生活。如果他们仍旧跟上一代人一样，像一头耕田的老牛，要如何活得有希望、有价值？我们社会对他们的关切太少了，所以他们要躺平的呼声，从精神意义上说是积极的，表现出我们新的经济社会发展后，出现了一代人对生活的新需求。

我的一位研究生毕业后在上海工作，一个月的工资八九千元，住在黄浦区，房租就要四千元，加上交通、一日三餐的费用后几乎所剩无几，每天还要没日没夜地加班，他的生活没有多少自己的余地了。而这样三十五岁以下的年轻群体，在整个国家有将近三亿多人，这是多么大的一个群体，如果他们天然地接受了这一切，如同蒙上眼睛的毛驴天天干活，那才是最可怕的躺平。

我觉得最可怕的是这种站着躺平，这才叫真正的老气横秋，就像社会学有一种形容，环节动物头咬着尾巴不停地旋转，如同机器一般，没有思考。难道年轻人说的躺平是这样的吗？

现在的年轻人从幼儿园开始上学，毕业后立马工作，紧接着买房、结婚、生子，整个社会都在要求他做这做那，漫长的一辈子，却没有自己的判断。

现在年轻人说要躺平，实际是想要形成一种间隔，让生活的单线间断一下，想一想我活得对不对。英国有一种 gap year（间隔年）的文化，也就是中学毕业后、上大学之前间断一下，去一个跨文化的地区漫游，比如从澳大利亚到非洲，再到南美，看上去是闲游，实际上是远离自己的文化圈，看看自己原来追求的到底好不好、值不值。跨越到另一个维度后，你才会发现人有各种各样的活法，那为什么自己要沿着这条道路走呢？在中国的土地上，你是不是可以发挥自己的天赋，唤醒内在的激情，换个活法呢？这是我对躺平的理解，离开原来的生活，给自己重新体验生活的机会。

当然我们也要警惕消极性躺平，消极性躺平是内心的力量和韧劲不够。如今年轻人最难的阶段后移了，很多困难是在离开学校之后才体会到的。以前中国社会的成长模式是穷人的孩子早当家，当时整个社会经济发展都不够，孩子从小就会干家务活。我小时候在云南扛过柴、扛过大木头，走几步就要歇一歇，很多东西就是在一点一滴里体会出来的。如今的孩子从小就被爷爷奶奶宠着，不用承担任何家庭琐事。有时我遇见研究生的家长，他们高兴地告诉我，孩子现在会做蛋炒饭、会煮面条了。我听了很是感慨，现在孩子的磨炼确实是不够的。

进入社会意味着和在家完全不一样了，社会上的人不是家人，他们跟你有工作上的合作关系、竞争关系，于是你就陷入了成长过程中从未承担的困难境地，尤其是在精神心理上，所以这是人生成长的关键阶段，要有强大的内心。我一直说，二十五岁到三十岁是现在的年轻人最关键的阶段，需要扎扎实实地去苦练，体验挫折，社会上并不会风调雨顺，有很多不公，很多道理也讲不通，你要受很多很多委屈。

俄罗斯著名的作家冈察洛夫写了一本小说《奥勃洛莫夫》。奥勃洛莫夫是个二十三岁的青年，他躺在床上，因为生活完满，不知道该追求什么，觉得世界太无聊了，这就像今天的90后、00后一样。谁愿意去做奥勃洛莫夫？愿意的，我就觉得这是消极性躺平。尽管人会追求各种欲望，但最终觉得空虚，没什么意思。而这种躺平绝不会让你一直躺着，因为从哲学上说，从人性中分析，人是不可能静止的。

奥地利作家茨威格写过一本《象棋的故事》，一个人被法西斯抓住了，他以为要被严刑拷打，结果法西斯只是把他送进一个房间里，床单是白的，地板是白的，天花板是白的，一切物件都是白的，他进去后觉得太开阔、太清爽了，没想到给他安排这么一个地方。一个月后，他觉得太空虚了，任何让他能够想一想的事物都没有，一切都是白的。又过了两个月，他才明白，法西斯太厉害了，他们就是要通过这种纯白、空虚让他彻底崩溃，后来法西斯再次审讯他，他发现大衣里装了一本书，于是他绞尽脑汁想把那本书偷走。这个故事是说，人在洁白的房间里是不可能静止的，你的脑子总是会翻江倒海地想事情。如果是腐朽、衰亡的"躺"，到最后你必然是一个腐朽的人。

我非常支持年轻人有躺平思想，但这种躺平是积极的，是你在寻找新的生活，比如去漫游，到西部的大山里，住进山寨，欣赏夜空的满天星斗，仿佛触手可及。任何细微的声音你都能听到，因为在那里没有乱七八糟的噪声。

我很喜欢收音机，在上海的短波收音机搜不到什么台，但如果带着收音机去其他地方，各种各样的信号会轰隆隆地涌现出来。我们每个人的潜意识都像一个收音机，尽管你积累了很多的东西，但是你听不到自己的。等你抵达一个寂静的空间，第一次体会到安静，你就能看到自己童年的梦想，你能真正体会自己想过什么样的生活。这种积极的躺平，就是一种活法的寻找，什么样的活法适合我？

我们要积极推动躺平向着创造性躺平发展，让年轻人都拥有自己年轻时代宝贵的间隔阶段、自我探索的阶段，这是改革开放给这一代人提供的最好馈赠。

年轻人更需要"双减"

2021年底,国家语言资源监测与研究中心发布了2021年十大网络用语,包括:"觉醒年代""yyds""双减""破防""元宇宙""绝绝子""躺平""伤害性不高,侮辱性极强""我看不懂,但我大受震撼""强国有我"。

最让我内心触动的是"双减"。为什么我国的儿童那么累?因为千篇一律的应试教育下,大家站在金字塔台阶上,都在争取多爬一级。因此,他们失去了童心,早早地习惯了成年社会的竞争,过早地下沉,像三四十岁的男人一样拼命往前冲。等到你二十多岁,或许花十倍的力气都无法恢复过来,失去的童年再也无法弥补了。

"双减"是一个起点,我们还需要很多配套的工作,为儿童、少年一代人进行精神的输送、人文的培养、情感的放大、视野的突破,这些都需要被格外重视。因此,"双减"是腾出空间来,做一个"以人为本,面向未来"的制度性安排。

为什么要注意"双减"这个词？其实它不仅仅针对儿童。即便是如今的90后、00后，也需要"双减"。曾经教育灌输给你的负担需要慢慢卸下，过于注重功利、得失，小范围里内卷，让自己密不透风、痛苦不堪。说是要负重前行，但前行不了多远，因为太沉重，要考虑的事情太多了。

这一代90后、00后，实际上是历史上第一代"漂一代"，即精神上的漂泊。来到社会上发现自己面临着巨大的困境，前后不靠。传统文化中没有可用的，未来也尚未搭建，现代性还没形成。

但即便漂泊，这一代人也面临着"黄金年代"。因此，年轻人需要过滤掉自身杂七杂八、阻挡前进的观念，否则很难看清远方的路途。趁着儿童的"双减"，或许每个人都可以双减，看看有些东西是不是必需的，例如外部的应酬、要求和你疲于应付的一切，过滤内心的污水，使之变得清澈。并不说"双减"是清空一切，而是腾出空间，把需要的放进去。

我们可以探索很多，喜欢的、不喜欢的，有价值的、没价值的。很多人或许曾经充满了激情和欲望，但逐渐才知道哪些是需要的，哪些是可以舍弃的，哪些是开拓之后可以放进去的。什么都要读一点儿、接触一点儿、探索一点儿，给人生做一些加法。

年轻人对"觉醒年代"这个词也深受触动。对于那个年代的人来说，可以为信仰投入百分之一百的精力，慷慨激昂，超越生死，生命就有了主线、中轴。而如今想要收获信仰却很难。

2021年的热词，如果让我总结，可以归纳为"信"字。就我所接触的年轻人而言，他们经历了起起伏伏，忽然有了一种意识。他们告诉我，觉得人生中好像缺了一个东西，缺一个可以始终如一、支撑自己整个人生的东西。或许是理想，也或许是信仰，但总归要相信它。在这个年代，要有信心、有理想看到未来，有信仰看到力量，有信心渡过难关。这就是信。没有这个信，人就活得渺无声息。

放眼未来，年轻人的困难肯定越来越多。如今是一些可见的困难，比如住房、工作等。等到这些慢慢改善后，他们会发现有更大的困惑、更大的劫难。毛姆的长篇小说《刀锋》里，拉里参加了世界大战后看到人间满目疮痍，于是去寻找理想，周游世界。在印度，他在东方的《奥义书》里踏上了心灵自我完善之路。

尽管在生活中寻找"信"很不容易，但它其实就存在于具体的生活里。因为坚持而变得不一样。作为教师就是坚持上课，帮助学生创造未来，所以当他这么做的时候，看到学生的成长，内心就特别喜悦。瓦特曾只是格拉斯哥大学的机械修理工，维修机器时，觉得效率太低，花了二十年改良了蒸汽机，这居然推动了整个工业化的发展，改写了世界历史。法国"女勇士"尼尔，从小就渴望远方，神往西藏，去寻访文化，甚至女扮男装进去。经过八九年的徘徊，她终于进入了西藏，做了大量的文化研究，将三十年的人生献给西藏，成为公认的学者。

所以，一个人一辈子是一种体会，就像丹麦哲学家克尔凯戈尔所说的，就是人经历一种感性世界、理性世界，但是在此之上还有一个信仰世界。

在经历了三年的疫情之后，"信"的力量将会放大，就像尼采所说的"超人哲学"，把自己当作君临天下，就像推着大石头往山上去的西西弗一样。这让我想起了日本画家草间弥生，他画了很多小圆点，因为他看到这个世界到处都是小圆点：桌布上的花纹、窗户的纹理，他觉得世界都充满了一个一个小圆点。每一个小圆点看上去很孤独，但是从整体上看，它们又构成一个特别美丽的画面。就像今天，每一个人很孤独，很分散，但是要"信"。孤独正是因为彼此之间没有连接，每个人感觉自己是个点，但实际上我们都在世界这艘大船之上。

我们要相信这个时代，相信能够往前走，相信未来更好，因此而有力量。这就回到了开头，之所以说"双减"这个问题，因为在这个过程中，我们要减掉内心深处杂乱的东西，比如以为通过"买买买"的方式可以构造生活，但更重要的是人们融合在一起、凝聚在一起，才可以获得整体力量。"双减"之外，我们还要更加了解自己，多看一些书，看看人们应该怎么生活，以前的人怎么生活，等等。所以，每一个人都要"双减"。

第六章

远离有年轻无青春
把岁月的火种永留心中

什么是青春？青春是一往无前，是走新路，是百分百地爱自己深爱的人，百分百地做自己向往的事。

　　而在现实中，总有强大的历史惯性，让年轻人墨守成规，一天又一天地自我循环。鲁迅在小说《故乡》中所写的闰土，让人如此地感叹：童年闰土那么灵动，但不到三十岁，就已经精神苍老，低眉顺眼地说出"老爷"二字。

　　今天的时代，一切都在重新开始，是最好的青春年代。现实中蕴含着巨大的社会能量和条件去走新路、做新事，年轻就是无限可能。在这样的时代，用青春的力量冲破各种阻碍，打开各种尝试，具有灿烂的开辟性意义。但是，这又是一条艰难的路，从农业社会向现代社会转型，凝滞力重重。很多年轻人为生存连轴转，犹如堂吉诃德面对大风车，想挑战，又觉得内心已苍老。很多人活在"避难就易"的人性弱点中，渴望探索，却又期待一切都风调雨顺。因为自我矛盾，自己掐断了一个又一个新念头，随大流归入最平稳的生活。放弃各种不确定,在眼见的可期性中打造自己的小生活,这样的选择,有多么无奈!

但是,因为年轻,我们不能这样默认,不能把岁月放弃。我们如何去打开自己的青春,改变可以改变的现实?这需要新的心灵方向,需要转动价值观、生命观、爱情观,需要在实践中探索。今天不是1000年前,天下不是人人种地的单一模式。我们只要有青春的力量。世界给予我们的除了艰难,还会有意外的发现和收获。这样的榜样举不胜举,青春的实践会使年轻人有不断获得的自信,也会让人成熟。

年轻的锐气有冲破壁立千仞的力量,要珍惜。如果年轻时就学会了放弃,那一生只能是暗淡的、循环的。在生机勃勃的全球化时代,谁也不希望有这样的未来。需要重新认识青春,莫负曾经年轻过,这是一个向日葵般的心愿。

你什么时候发现自己老了

现在社会中，生活着大量的年轻的老人，他们在十五六岁时就固化了，未老先衰，认定这个世界是物质的，一生就是要买房子、买好车，精神再也不生长了。

这个问题不是今天才有的，五四运动时期，鲁迅为什么为年轻人焦虑？就是觉得年轻人太老了。《故乡》里的闰土，小时候多么活泼灵动，脖子上戴着银色项圈，在月光下拿着把叉朝着瓜田里的猹扎去。哪个中国人小时候不是这样？但中年的迅哥儿回家之后，闰土头发已经斑白，嘴巴动了半天，最后叫出一声"老爷"，多么可怕！一下子就变成了他父亲的样子，因为遵守封建秩序，孩童中那种活泼灵动的生命感没有了，逐渐被生活吃掉。也像捷克作家卡夫卡写的状态异化，人都变成了工具。既然是工具，还谈什么青春？人认命地认为自己就是干活的，一生就是如此。

但青春是什么呢？青春不是只有青春期才有。好多人说到了二十七八岁，就只剩青春的尾巴。青春是终生的事情，是一种精神生命，一种永不停息的感受，是身体有生物性的节奏，是永无止境的。一个有青春的人，不只是在年轻的时候拥有青春，而是一辈子都活得有灵性。想要有青春，最重要的就是要对生命有感情，对自由有迫切的渴望、维护。

1951年，塞林格写下《麦田里的守望者》，小说大受欢迎。主人公考尔菲德无法忍受精英教育给人设定的各种目标。彼时，保守主义盛行，世界的规范就是——生活就这样，将来考个好大学，拼命奋斗，找个好工作，成立中产阶级家庭，有两辆汽车，有一个孩子，一辈子是格式化的理想。考尔菲德作为孩子，却能看到自己老去的样子，所以他反抗了，去格式化、去功利化。

所以，问题在于，很多人的内心深处有渴望，但就是软弱，不敢有所行动。全美卖出一千万套校服，好多中学生都穿着，照着老师的要求去做，绝不敢像考尔菲德那样去反抗，他们不敢。

当然，这是因为社会把你磨平、格式化的力量太强了。毕竟一旦失去青春，人就变得老成沉稳，好像突然不惑、知天命了。恰好在生活中，很多父母希望孩子生活可以过得平稳，少经历风险。但他们不知道这对年轻人的影响。服从他们的安排，就是让孩子失去青春，一下子活到了终点。所以，孩子们从未有过真正的生活，他们变得软弱，只能跟别人攀比，受到虚荣的压制，一生关心的事物非常窄小。

有时，我的学生会来问我：到底要不要考研？到底要过怎样的生活？我往往会跟他们说，有两种生活，一种活是得很现实，找一份好工作，稳步提升社会地位，踏实地积累财富。七十岁时，回看一生，过得有逻辑。还有一种是拥有世界、走遍世界、体会世界，没有攒下什么物质财富，但心里面充满了故事，人生像一本小说集一样。

两种生活没有好坏之分，但对我来说，青春就是漫游。我很佩服摄影家梁子，越南战争时去往一线成为战地女记者，退役后去做摄影师，游历全球，拍女性们的生活。她去过的地方，包括一年三百多天都在下雨的喀麦隆，还有不让女性拍摄的地方。但她始终坚持，跟当地人生活在一起。

每个人的青春是不一样的，每个人都有自己的热爱、自己的想法。北方有一个大山沟，里面有一座村庄，村里的人想要走出去。一天，四个农民兄弟打算在山沟上修一座桥，打通去往外部的路，于是他们想办法凑足了钱，修了一两年，桥终于搭建好了。只是他们不懂建桥的技术，没过多久桥就塌了。如此花了钱又花了精力，一般人都会知难而退，但四兄弟决定重新再建。彼时，遭到了村里人的反对，甚至连他们的媳妇都不赞同。四兄弟犹豫许久，还是决定修建，如果桥建成了，他们就不用搬出去了。他们邀请了外面的技术人员来协助他们，终于把桥修建好了。

历史上的夸父逐日、愚公移山，这些小农经济社会中的精神逐渐被我们抛弃了。而如今，我们特别需要这样的东西，然后才能让整个民族焕发青春。梁启超一百多年前写《热烈的渴望》，少年之中国就是朝气蓬勃的。我们的后浪们，将来也会变成中年，但你们要把这个青春带到中年去，把这个青春带到老年去，这样的话，后面的人也会代代相传。多好呀！

不要害怕生活在边缘，就怕生活在自己的边缘。有青春，才有自我，才有最真实的生命，这样才能有独立意识，独立于这个世界，坚定地生活。

不怕当小镇做题家,只怕沉陷做题家小镇

有一篇文章在网上很火,叫作《一群穷孩子的人生实验》。这篇文章讲述了一项始于 2009 年的"青云学子计划",主要内容是从北京进城务工的农民工的孩子里,挑选最聪明的二十四个孩子,给他们提供最优质的教育,突破社会阶层的固化壁垒。这项计划表现得很锐利,很有冲劲。但在这十年里,这些被选中的孩子们还是一点点被筛掉了,就像在一个沙漏里,只有很少一部分人坚持了下来。这项计划投入不小,但结果并不好,到底是什么问题呢?是不是这些来自底层的孩子,无法实现自己的阶级转换和上升呢?

我想起来一个流行词,叫"小镇做题家"。小镇做题家会做各种各样的难题,然后考入好大学。大多数情况下,他们学习不错,顺利毕业,但生活也没有变得多好。他们在城市里面临着形形色色的新的问题:房子、户口⋯⋯不管是青云学子计划,还是小镇做题家模式,都让人有些失望——它们不能解决人生的大问题。

在如今城乡之间、东西之间、大城市和小城市之间的教育资源严重不均衡。教育改变命运，这个自古以来被社会认可的奋斗之路，遭到了严重的怀疑。

在我看来，青云学子计划价值意义不大，因为它不可能解决阶层问题。北京有多少进城务工的农民工？而二十四个又是什么概念？这是零头的零头的零头，从数量上看，它怎么能解决阶层问题呢？

而不管是小镇做题家模式，还是这种所谓把孩子培养成跨越阶层的人的计划，都蕴含着一种传统社会的价值观，那就是要做人上人。也就是说，这并不是在一个丰富多元的社会文化里，而是在一个单向的等级社会里，所以才要把人变成人上人，进入上流社会。如果我们的教育只是让人跨越阶层的话，那么它的目标就太窄了。一个人只知道往前冲，却不知道为什么往前冲，那么他在无形之中就会产生一种理念：我就是要超过别人，就是要站在人家的头上。那么他最后到底追求的是什么？跟国家、民族、历史有什么关系？没有人关心。

当代社会存在很多这样的"窄人"。什么叫窄人呢？就是目标性很强，追求高分数，大学期间追求荣誉、奖学金、保研、出国。但这些东西背后到底是什么呢？为什么这些小镇做题家出来后，后续的发展力这么弱？因为人文艺术、多元价值、人类生活，这些本该在成长过程中关注的东西，他们都没有关注过。一个人身上没有这些积累，他就没那份激情。为什么要奋斗？这是首先要解决的价值问题。

复旦大学的学生们成绩都很好。比如，每年的新疆考生有二十二万，文科只录取前三十五名，理科只录取前六十五名。看起来他们是很优秀，但是我给本科生上课时，第一堂课一定会说：作为考进复旦的学生，你将来的人生道路是很艰难的。在未来的社会生活里，考进复旦的学生之中起码有95%的学生将永远达不到他们在高考里取得的优越成绩，对于任何一个学生而言都是如此。如果你只是以出人头地为读书目的的话，那么你是给自己找了一条非常偏狭的道路。

那么，教育应当转移到什么方向上来呢？我跟复旦新生也说过："我们今后毕生的任务，就是做一个优秀的普通人。优秀的普通人热爱世界、热爱万物、热爱众生，踏踏实实地找到一件自己内心喜欢，又有时代价值的事情。"一个人一辈子能够做好一两件事，就已经相当不简单了。所以在今天这个大环境里，教育也是一个人的自我改造、自我寻找，在这个过程里证明自己是可以改变的。同时也能通过自己做的事情，证明这个世界也是可以改变的。教育一定要培养出这种有宽度的人。一个优秀的普通人，这里的普通是指他和整个大众是在一起的，哪怕他后来变成优秀的科学家，出类拔萃，但是他的价值观、工作努力的方向，都是为大众服务，他绝对不会想到要脱离这个阶层，去站在大众阶层的头上，那很糟糕。

一个优秀的人如果只为自己，就算他能力再大，也不会为人民服务。只要一件事情不给他带来巨大利益,他就不会去做,他只想去做可以打造优越生活的事。他会觉得钱无所不能,从未明白自己在这个世上应该做什么,一心扑在获得更多收入上。如果我们教育出这样的人,那就是失败的。

1994年,我去内蒙古的边贸点,晚上风很大,夏天的夜晚星星特别明亮。我被安排跟另一个人住在一间临时搭建的蒙古包,直到很晚,同住的人才回来。他头发又硬又粗,脸色黑红,昏暗的灯光显得他更黑。我跟他聊天,惊奇地得知他原来是外贸局局长,再一聊就更吃惊,原来他是复旦大学经济学毕业的,"文革"时来到这个地方上山下乡,支援边疆,就一直留在这里。我很奇怪,问他很多人都回去了,他怎么留在这里了。他说:"我习惯了,我喜欢这里的开阔,人和人之间直率爽朗,回上海也不习惯,上海有点太精致了。"他热爱脚下的土地,热爱他的工作,状态非常积极,全身心地投入,也没什么媒体把他当作大人物报道,他活得很幸福,觉得这样做很有价值。

一个优秀的普通人对自己有很好的认识,知道自己该怎么生活、该做什么。而不是把自己的幸福建立在超越别人上,做了人上人才觉得幸福。芸芸众生之中,他很幸福,有自己的价值判断。我有一个很深的体会:当一个人知道自己该干什么,最直接的表现就是他整个生活的变化。他会围绕自己喜欢的事情去组织资源和时间,该买什么,不买什么,很多东西看一眼,知道跟自己不相关,那就扫过去了;哪些东西燃起他的激情和幸福,他就会特别热切。这样的人往往会感觉以前浪费了太多时间,在很多不相干的事物里耗费太大,所以才重新组织生活。一个优秀的普通人可能都要经历这一步,经历这种转变后,他会在无形中真正打开自己有价值的人生。

高考和大学，究竟意味着什么

我还记得那时我在一个拖拉机场做电工。八月底的一个傍晚，我刚吃完晚饭，站在厂里办公楼前的台阶上，听着六点钟准时开播的广播。万万没想到，大喇叭里播放的第一条广播就是恢复高考。很奇怪，那一刻我并不兴奋，反而很安静，觉得世界从来没有像今天这么安静过。我觉得，不管是国家还是个人，一种完全不同的生活迎面而来了。

"恢复高考"这条新闻出来后的第四个月，我们就要参加高考了。那是一个冬天，我们第一门科目是语文，说不紧张那是不可能的。拿到试卷以后，第一部分是翻译古文《邻人遗斧》：邻居有人丢了斧头，这个人看谁都像是贼，最后他在家里发现了斧子，才知道自己弄错了。因为我以前很喜欢看《史记》等古籍，所以这对我来说还不算太难。但因为太紧张了，有好几次我都把"斧"写成了"爷"，很是可笑。

每个人都有自己深刻的高考记忆。高考结束后，孩子们好好过一段属于自己的生活，之后就要认真地想一想：上大学意味着什么，对于未来，对于今后的选择，还有想活成什么样？在宝贵的大学里如何度过？这是非常重要的精神准备，是一件在心灵上、思想上都需要认认真真对待的事情。在大学里，你可能会确定你这一生的基本风格，甚至是基本素质，因为好的大学或好的大学生活对一个人方方面面的影响，是不容易代谢的。进入大学后的场景更加复杂了。高中时你的学习成绩再好，高考的卷子答得再好，都不能代表你进入大学之后可以处理好各种问题，因为这是两码事。

因此，进入大学之前，我们真的需要好好想一想，面对未知的大学生活，我们需要做哪些准备？这是一个不确定的社会，不确定并不意味着不好，而是它可能出现任何事情。尤其是在大数据、人工智能的时代，原来不流动的因素、要素都开始流动，它会聚合出什么东西，会涌现出什么新技术、新产业，会出现什么样的新发展，尤其是在文化需求方面，这些你都不知道。

如果你现在还在刻舟求剑，学什么专业，就按照这个专业去规划人生，搞不好最终就会落空。从根本上说，12 世纪在意大利建立的第一所大学——博洛尼斯大学是真正的大学，它的宗旨是培养人，而不是培养专业技能。因此，进入大学之前首先要有一个明确的观点：我来到这所学校不仅仅是学专业技能的，更是来锻炼的。因为大学的基本宗旨就是人是第一位的，我们千万不要停留在旧有的模式中。

1952年我们国家进行大学重组，学习当时苏联的计划经济，将大学分为师范类、工科类、文理类等，师范类大学的学生毕业后去做老师，工科类大学就是诸如地质大学、化工大学等，文理类大学包括文史学、心理学、数理化生等。这种重组带有很大的学术性、基础性、研究性，它更适合计划经济的时代，按照社会需求来培养专业人才，比如今年电子类招了多少学生，产业需要多少人，这时候根据电子产业中各个方面的评估申报需要多少人才，然后在各个高校中制订招生计划。

但今天不一样了，尽管如今还有一些以工科为主的大学，但大学的方向变为培养全面的人。如今的社会是一个学习型社会，知识不断更新的社会，只有每个人强大，社会发展的火力才会充足。根据复旦大学前些年做的就业状况报告，本科生中只有11%左右的学生去专业所在的行业工作，硕士生是15%左右，博士生最多，但也不过20%，其他的学生都进入了各行各业之中。

所以上大学之前，我们要有清醒的认知，上大学不仅是学个专业，更重要的是，建立起自己的认知，准备做什么样的人，培养自己的思维方式和情感，建立自己的生活细节和习惯，把它作为人生重要的成长阶段对待，而不是只考好试，拿奖学金，出去找份好工作，那太狭窄了。

至于考试，无非三种结果：超常、正常和失利。有的学生平常考试一般，但高考却考出了他有史以来最好的成绩，如同做梦一般。你要好好珍惜，并且不能全部归之为运气，这说明在你的生命中，还是有一份潜能的，你只是在高考时将其调动出来了。

我们更要关注那些高考发挥失常的孩子，如同那句老话，高考如何并不代表终身如何，大学也没有标准答案。我们一定要清楚，大学就是让我们有思想、有独立精神、有探索的地方。因为你已经十八岁了，成人了，最宝贵的品质要在大学里培养出来。如果高考发挥失常，没有去心仪的学校，不要紧，还有考研，你可以花四年的时间铆足了劲儿去证明自己，这大概是一次很好的机会，锻炼你不服输不放弃的精神。有人在高考之后就彻底松弛了，觉得备受打击，也不再努力了，这说明这个人从心理上、精神上都垮了。

无论如何，在这个世界上，有两种情绪是我们最不需要的，一种是自傲，另一种是自卑。我们都是普通人，但每个人都要拥有自己的幸福和快乐，因此，我一直在提倡，我们一定要做一个优秀的普通人，优秀是你的精神，是你内在永不停歇的活力，就像向日葵一样始终面向太阳的力量，我们都是和彼此共生的人，互相照亮，互相温暖，互相分享。

如果你没有考好，千万不要觉得自己只是个普通人，一辈子完了。你要知道，你也可以很优秀，这次没考好，要在别的地方体现自己的优秀，度过一个充实完满的大学生活。在大学里学会热爱世界，热爱万物，热爱众生，在这个过程中，体会自己喜欢做什么，那就很好。

哪怕这是一个再不确定的社会，你在进入大学之后也要努力成长，让自己成为在一个不确定的世界也能扬帆远航的人，在这个重要的人生关头，我们要有一个超出高中生认知的新准备。总之，大学就是这样一个寻找的阶段，在不确定的世界，先认识世界，然后认识自我，再认识生命。

选专业需要大境界

我参加过多年大学招生，发现不管是家长还是学生，都把将来的就业放在首位：它的职业发展前景怎样，收入怎样，工作环境怎样，以此来衡量所选专业的价值。这是他们最基本的理念。

高中和大学的区别在于，高中是人人都要走的应试教育体系，所以这条路一定要走好。但大学的不同之处在于，你要去哪个教室学习，如何安排课程，怎么选课，乃至未来要走什么路，去哪座城市，都需要你自己选择和思考，不断调整自己的人生方向。

我招生时发现一种情况：父母带着孩子来咨询专业，孩子的分数考得很不错。父母事无巨细地询问，而孩子坐在一旁不吭声。我知道其中存在一种代差，上一代人在当时的环境中长大，但要知道社会正在从追求温饱型向追求小康型转变，人们追求精神的多样性，丰富的文化生活，需要的人才也不一样。专业的替代性是很强的，一个人的价值要看他的发展力。所以今天上大学跟以前的意义是不一样的，现在上大学是为了给自己创造人生的起点。

一个人有两次出生：第一次是身体的出生；第二次是渐渐有了清晰的自我意识、对世界的认识，有了劳动的技能，有创造生存的能力。第二次出生是在哪里完成的？大学。千万不要理解为上大学就是在实验室学到了谋生的技能，以供将来走上社会。这个想法已经很落后了。当你离开家门，跟父母说"再见"的那一刻，你就已经半社会化了，从此迈向了新阶段。这个阶段怎么选呢？你要从人生的格局上着眼，踏出这一步，你就在创造自己的生命。

我不太赞同把收入放在考虑专业的首位，因为你把自己的思维固化了，在填写志愿的那一刻，你就把一生看到了尽头。说得难听一点儿，从这一刻开始你就老了。

在大学，你一定要看到未来。我一直提倡人要活在十年、二十年以后，对社会的发展、时代的发展，要有自己的判断。复旦大学前年公布的数据中，本科生从事的工作和本专业对口的只占11%左右，也就是说89%的大学生都去干和所学专业不同的工作了；硕士生多一点儿，但也不过15%左右。博士生是专业化教育，甚至可以说职业化教育，但也不到20%。这就是时代发展的缘故。这是跨界的时代、融合的时代，每个人都需要有跨学科的能力。所以，一个人选什么大学、选什么专业、选什么城市，这些对你的未来影响很大，但影响是不同的。具体到选择专业的问题，我的建议是：

第一，看你的学校的专业在我国处于什么水平。包括它的口碑、毕业生的表现、师资力量、学习条件等。这是专业的指标。

第二，看学校的文化。人的性格迥异，气质也有差异，而每所学校的文化氛围也是不一样的。有一个词叫"如鱼得水"，如果你到了适合自己的河流里，你会成长得特别好，否则就会过得很压抑。你要对这所学校有所了解，包括社团文化、教学重点。比如有的学校很严谨，上课前教师的教案、大纲都必须严格审核，这种方式对个人的成长很有帮助，精心地从细节上对你进行训练。在这样的学校里，一个人完成度会比较好，基础比较扎实，符合职业的要求。而有的学校校风比较自由，老师上课并不想按照教科书讲解，非常有发挥性。这样的教学是无拘束、无羁绊的，但对学生的要求非常高。如果你想接受严格严谨的训练，成为适应行业发展、专业领域特别需要的专业性人才，你可以选择专业类的院校，专业类院校的教育定位就是专业化的。如果你想追求个性自由，创造更多的可能性，你可以选择综合类大学。综合类大学的通识教育条件比较好，适合把一个学生培养成有基本的世界观、历史观、价值观的人。

第三，看大学所在的城市。大学所在的城市氛围，会塑造你的世界观。大学基本上都在大城市里，但不同城市的文化是非常不一样的。比如北京作为明清以来的国家首都，是政治中心、权力中心，聚集了大量的精英集团，视野非常宽阔，具有强烈的国家感和民族感，聚集了各类出版社、报社、高校、高质量研究所等。如果你关心天下，很想拓展自己的政治事业、文化事业，那么北京的氛围很好。而上海不同，上海是一座非常讲究专业性的城市，这里的人崇尚知识。表面上看起来工商业繁华，但背后有高度的专业性。再如广州、深圳，近代以来，这两座城市成功地进行商业转型，人和人之间的市民氛围非常浓厚，提出了"时间就是生命，时间就是金钱"的口号。很多北方人不喜欢这句话，觉得太庸俗，但其实反映的是他们的实干精神，善于抓住商机。

第四，看大学的世界影响力，比如本科有多少学生可以出国留学。年轻人需要睁眼看世界，了解世界，所以可以参考一些世界性的排行榜，这是从国外的角度对中国大学进行评价。如果这所学校平台好，那么学生走向世界的机会就多。我们不能对自己的人生那么抠门，单纯地考虑学个专业，然后在当地找个工作，那格局太小了。你要看到自己的创造力，看到自己的发展的极限，在这个背景下给自己宽广的选择，这是选择大学背后反映的能力，不然，十年之内就会发现自己被时代抛下了。

马克思主义提倡人要全面发展。在今天这个蓬勃发展的时代，五年就是一段不同的历史阶段，十年以后更不同，志向高远的人才能选择好的专业，按照自己的内心生活。我向来不提倡由外向内生活，在乎外界的评价，我主张从内向外生活。大学是人生的阶段，它不是让你学习包粽子的地方，而是把你变成一棵小树苗，不断地生枝长叶。若因为收入而选择专业，只能说明你内心很空，你要做精益求精的继承者，扎扎实实地学好专业，明白自己的时代价值，给社会打开新的一面。希望有一天当你回想起高考结束填写志愿的时刻，从不后悔，并且感谢自己的这段学习时光。

大学恋爱美美的，可为什么常常不靠谱

大学生应该谈恋爱吗？要如何谈恋爱？首先，我非常反对那种"不谈白不谈"的心态。哪怕两个人大概率最终散伙，也想要去体验恋爱的感觉。一个四人的女生宿舍，其中三个女生都谈了，剩下那一个看到她们被男孩呵护，干脆也找了一个谈起来，但它的损伤很大，因为这种态度没有到达真正恋爱的真实内涵，只包含了很多短期行为，缺乏坚持和真诚。

我觉得恋爱最重要的是真诚，20 世纪 50 年代，没有所谓的女朋友、男朋友这类名称，都叫未婚妻、未婚夫，爱情直接跟婚姻挂钩。恋爱如若不往长远看，两个人没有一起生活、结婚的打算，便很容易分手。恋爱中的坚持有一点儿像信仰，再融合的两个人，也会有对立冲突，这时靠的就是坚持，中间断了的线又会连在一起。

很多女孩跟男友提分手，并非真的要分手，而是希望对方再主动一下，但男孩没有信心了，于是就真的分手了。恋爱心理学中，一般分手后一个月内是复合的高发期，属于爱情的危机状态。

但如果你很真诚，双方意识到两个人还可以继续走下去，这就跟那种"不谈白不谈"的心态截然不同。

不仅如此，大学生容易对爱情抱有美好的期待。爱情是人生里最珍贵的情感，不能抱着浅浅地谈一回的轻飘飘的态度。恋爱这种事，内心是绝对不能有一点点勉强的，不能轻易启动，既然启动就要投入，心里有美好坚定的信念，相信两个人一起会创造新的东西，这是大学生应当有的爱情信念。

很多大学生认为大学时期的爱情往往最终以失败收场，害怕自己投入太多。其实我们判断爱情的关系，关键是看双方相互之间输送了什么，这绝不是一种不平等的关系，要互诉衷肠，彼此成长。双方必然有相同，也会有冲突，但这种冲突也很有价值。在封建社会中，是男方强女方弱，如《西厢记》中的才子佳人，但这不是现代的情感。我看了很多遍劳伦斯的小说《恋爱中的女人》，每次看都觉得里边有一股力量。督导柏基喜欢厄休拉，厄休拉是一个有自己坚定信念的女孩，她对女性的命运和价值有自己的思考。但是柏基是一个新旧替换的人，他希望女性能跟自己一致，厄休拉这种独立思考的人让他很是苦恼，两个人之间的感情起起伏伏。但在这种冲突中，厄休拉不断地打开柏基，柏基也在他和厄休拉的关系里意识到他在体会女性新的生存方式，这让柏基越来越觉得像阳光照进来一样，最后两人结婚了。

好的爱情是彼此都有力量，力量又互相推动。大学生谈恋爱，一定要清楚自己身处哪个阶段，需要什么；理解对方成长到什么阶段，需要什么，有什么价值。在两个人的互动中，给予彼此力量。他们会打情骂俏，看电影吃饭，情人节会送花朵，会有形形色色的欢乐，但是青春期爱情的内核还是它。

有一次我要去俄罗斯圣彼得堡开会，在机场看到一对年轻的夫妻。妻子大概要去美国留学，丈夫带着幼小的孩子留在中国，又当爹又当妈。但是他心甘情愿，因为妻子留学是更重要的事情，他在她最需要的时候给予最大的支持。

大学生很年轻，但也要有这样的意识，尽管最终大部分恋爱都会分手。因为大学生很年轻也很任性，很难看到双方的未来。人在未来的时间里会发生什么，谁也不知道。正因为年轻，后面还有那么大把的时间，他在这个时间段上是这个人，但往前走，他或许又会变成另一个人。这并不是他在作假、伪装，而是他真的在变化，这份不稳定性也很现实。

我的学生中，有一对在大学恋爱，硕士毕业后结婚，生了孩子，突然面对生活的油盐柴米，年轻的妻子很是失望，男生对生活的琐碎也完全没做好准备，双方经不起生活的锤炼，没有成长到那一步，最后女生抱着孩子跟他离婚了。

这是一个流动社会，人也在不断变化，这是现在恋爱的残酷性，所以大学恋爱要抛却这种顾虑，要不然没法谈，你的内心永远在退缩，想着将来一定分手，于是你变成了一个假人，不会百分之百地投入。大学生恋爱，一定要想一想自己是否能百分之百地投入，否则不要谈，因为这对彼此都是伤害，而且会让这段生活过得半真半假。当你百分之百地投入进去，你会考虑他（她）的价值观、生命观，以及考虑是否爱他（她），尽管很难判断清楚，但至少在这一瞬间，你是百分之百投入的，或许未来不一定，但此刻，你是真诚的。

好的恋爱，不但是爱对方人人都会爱的东西和一些美好的方面，也会爱对方你不喜欢的另一面，它们构成了你们爱情的特点，你们愿意让双方成长得更成熟。因此，大学谈恋爱有个很大的好处，除了学习知识，还上了一所精神大学。在恋爱之中，你会逐渐体会生活、情感。如今在情感方面有很多荒诞的理论，有人觉得谈恋爱就是一场娱乐，高兴就好，不高兴就散，我是不赞成的。好的恋爱是会让你面向未来，在恋爱中成长的，你内心深处会体会到什么是美好的情感。如果一个人有专业，有美好的情感，又有面对社会的积极态度，这就是很好的人生。

我的研究生里，有两个女生都是从初恋走到结婚的，我觉得特别美好。当然在学校里恋爱，分手很常见。爱的时候爱得很真实，分的时候也分得真实。现代人必须有两种能力，一个是走到一起的能力，还有一个是该分手时就分开的能力。我们要有一颗认定爱过的心，这样我们在面临分手时才不会有太多顾虑。你全身心地投入，结果会怎样，不是你能决定的，但你没有辜负你自己。或许这个世界会对不起你，但你千万不能对不起自己，尽管大学恋爱有很多分手的，但当你明白了这个道理，知道自己对对方是毫无保留的，你的一生中都会坚持单纯的情怀。

独居真惨还是真香

前段时间全国政协委员提出一个提案，关于推动空巢青年群体向筑巢青年群体转变，尊重生活选择，进一步要加强国家和社会的支持力度，也就是以人为本，关心这个群体。

根据统计，全中国现有九千两百万独居者，在十四多亿人中，排除未成年人，这个比例不算太大，但也不小。这部分人认为独居生活很自由，轻装前进，没有那些已经建立家庭的人的烦恼。但也有人认为，从鲜活的生命角度去看，独居的生活也有很多苦恼和孤独，缺乏温暖。

从大的历史背景来看，独居者的生活方式是整个现代社会发展的表现。美国适婚人群中，50%多是单身，他们一个人也可以生活得很丰富，去国际旅行，去打开新空间，可以说走就走。当然，日本是世界单身冠军，他们做了调查，摆在第一位的理由是行动和生活方式的自由。所以，自由是一个现代人特别珍贵的核心价值。恋人刚在一起觉得很幸福，但一旦双方有很多不一致的地方，需要被迫改变，那就有些痛苦了。

当然，很多人是被迫独居，有一句话是"白天KPI（关键绩效指标），晚上排位赛。工资换房租，饿了吃外卖"。因为工作占据的时间太多，收入不理想，晚上回去一个人只能体会到孤独而非幸福，独居的人会很焦虑艰涩。如今，大部分人独居的质量真的不高，表面是独居，实际上是瘫在家里，瘪掉了，内心深处没有力量，宝贵的年华浪费了。

那些改变过世界的人，内心深处都有自己的力量，比如柏拉图，每天琢磨理想国，思考就是他的恋人。徐霞客虽然成过亲，但一辈子活得像单身，游历过全中国，即便是像云南滇西河水里的一个溶洞，他都去过，直到他再也不能出去游历。他晚年身体不好，心还是在外面，死的时候手里握着一块在外面旅行考察时带回来的石头。

近代社会中，那些传教士、航海家、探险家、淘金者，很多人都是单身汉，他们所有的人都面临一个问题，那就是孤独，但那种面向未知世界的巨大好奇，面向新发现的激情，可以掩盖孤独。尽管我们有九千两百万独居者，但我们爆发出什么力量了？难道就是在咖啡馆里喝喝咖啡？

九千两百万里有许多假独居者，他们谈到独居，并非打算以后不谈对象。但真正的独居者，是他下决心一辈子独居，纯粹地认为什么都应该自己承担，不去幻想有人会来拯救自己。

如果你有坚定的信念，你可以创造自己的生活方式。你喜欢登山，那么你就围绕登山来设计你的生活，会遇见有共同爱好的群体。喜欢绘画、旅行、人文记录、摄影的，皆是如此。我们缺乏的是独立成长的阶段，不再会独立地思考、探索和开拓。独居，只是表面的。

既然独居人群数量这么大，那么我们需要建设一种独居文化，而不要内心左右摇晃。一个人不能承担两份生活，否则就会反复震荡，反复摇摆，反复消耗，最终青春时代过去了，什么都没形成。

生活一定要干脆，线条清楚，不要黏黏糊糊的。反过来说，一个人也不是孤立的，只是我们现在有九千两百万名独居者，面对这么大的群体，政策还没有方方面面地考虑到他们，社会舆论、社会组织、城市的空间建设，都没有为这个群体去做太多努力。比如上海书店，可以在旅行图书的区域，设置一些小的空间，这样，那些去过同一个地方的人，可以彼此分享这本书，他们在这里同气相求，自然就能说到一处去，形成碰撞。很多创造都是在闲谈中出现的，独居者有交汇之地，社会就变得更加文化多元，气氛也就不一样。日本有非常鲜明的"一人文化"，即独居文化。一个人的旅行、一个人的电影院，这就非常为独居者考虑。

当然，还要考虑到以后养老的问题。这些独居者老了以后，养老会是一个很大的问题，所以现在已经有很多独居者开始了这方面的尝试，比如去做义工，听他们讲述自己的经历，之后会形成既有文化又有社会基础保障的独居、养老模式。在这个大的历史背景下，传统观念可能不会只是结婚生子的家庭模式了。

另一方面,在社会有了很大的支持之后,我们要想想那些伟大的单身者,想想他们对人类文明做出的巨大贡献。当然,生活是多元的,每个人对幸福的内容、幸福的方式的理解都是不一样的。如何独居得更有创造力、更幸福,在文化上更有价值,我觉得这是一个值得思考的问题。

社恐也许是件好事儿

很多年轻人不太愿意跟现实生活中的人打交道，害怕陌生人，甚至害怕熟人，喜欢宅在家里，不愿出门，也不想去联系以前的朋友、同学。即便别人主动联系，也很迟疑，会因为回不回应而有压力。

这是一个正在转型的社会，我们刚从农业社会走出来，时间不长，人和人的社会距离把握不好，就会导致干预性、介入性太强，不该说的话也说，不该去问的事也问。私人生活一再被打扰，个人承担的压力很大，没有剩余精力去应对别的事情了。也有人等级意识特别森严，在校友会之类的聚会中，让人特别不舒服。还有人为了商业利益而交往，把人当作资源。

我曾经在云南生活过两年。以前从我的村庄傣族寨子到公社开会，要走十七公里，翻山越岭，穿山过河，但是我一点儿都不紧张，唯独害怕遇到蛇、猛兽，一看到人来就特别高兴，因为乡民都是傣族、傈僳族、景颇族的，非常朴实。如今我再去，独自行走，我倒是不担心猛兽，而是怕冷不丁地从山乡野地里走过来一个人，说不定是一个毒贩子，或许会很紧张。

这是今天社会的复杂性，面对这个世界，走出去跟人交往，需要面临各种未知的风险。

还有一个更大的问题，就是社会交往的质量比较低。一个好的社会交往，必须是在一个差别社会里，人和人精神不同，才会有流动性，差异性形成了流动性和交互性。如果社会上千人一面，即便职业不同，看着都很新鲜，但聊上半小时，你就感觉他的思维模式、价值观念其实都差不多，所以这个时候交往起来，就会没有愉快感，也没有意外的收获。

一个好的社会交往，必须是多元、丰富的。但它的基础，就是个性化的发展。一个人内心深处很丰富，他有对世界的独特体会、独特经验，还有他的艺术爱好，比如喜欢音乐、美术、旅行、文艺作品、摄影等，每个人身上都带着不同的品质、文化的容量。这时人和人互相交往，彼此就会欣喜，互相之间能打开、启发。所以今天这种社交恐惧，反映了社会发展中年轻人的精神、文化方面的问题。

从另外一方面来看，社恐也有积极意义。因为中国人历来生活在家族中，所以一个人的空间不多，个人权利也不多，对自己的价值也不多。所以，中国人也经不起孤独，一孤独就不知道该做什么，因为生活都是集体化、整体化而做事的。今天年轻人希望有孤独的空间，不受打扰，从"大历史"观来看，是一代人心智发展必须要经历的过程。我很佩服能够心静下来的人，他们可以一个人看书、听音乐、写作、打理心情。这都是一个自我优化的过程，一个更能体会自己的方式。

这有点像旅行。一个人出去，你跟这个世界的关系是不一样的，你没有遇到分岔，没有别人来打扰，可以默默地去看各种各样的村庄、河流，看城市里流动变幻的空间，在高铁上看形形色色的人，它们一点一滴润物无声地落在你的心底。你当然不能全记住它们，但有些东西你会默默留下，埋藏一些关于历史的境遇，进而产生对比、联想。但如果是两个人一起去旅行，就等于社交性出行，彼此要说话，相互影响，外部世界就变得有点疏远了。所以，有时一个人，可以让你跟这个世界有更深层的关系。

美籍华人董鼎山先生，在关于美国文学、欧洲文学的《天下真小》《纽约客书林漫步》中提到过作家为什么酗酒。他认为，写作是孤独的事业，作家半夜三更在房间里默默写作，其实内心很难受。到后半夜，万籁俱静，他内心就会涌现苍凉感、寂寞感。此刻来一碗酒，他的体验是不一样的，他对世界将会有全新的体验。

年轻人有一点儿社恐，也有它积极的价值。不过，尽管网络生活使人与人之间相连，但也不能成为生活的主导。最有创造力的事物，还是面对面产生的。电子信息是单一的，人和人见面时的表情、语调、笑容和潜在的信息，会让对方获得更加丰富的体会。因此，人和人之间还是要有交往的主动性。有一次，我在学校忙到了下午两点钟才去吃饭，餐厅里有一位阿姨，平常只是点头之交，她跟我说："老师，您怎么这么辛苦，现在才吃饭。"我很感动，说："有一件事情没有办完，你们也很辛苦。"

就这么一点点主动交往，会让社会温暖很多。人生就是这样，既然来到这个世界，就要跟大家一起共生共存，一起分享，这样才算是真正来过这个世界。

难道三十五岁就进入中年危机

现在人们有一种三十五岁焦虑，很多单位的招聘要求只要三十五岁以下的员工，这就使三十五岁变成了一个魔咒，很多人对此开始焦虑起来。我看到有人说："你二十五岁的时候和三十五岁的人一起工作，那你就是人力资源；你三十五岁的时候和二十五岁的人一起工作，那你就是人力成本。"

这种焦虑也很正常，背后的原因是我国经济飞速发展导致的，有的工作高中生能做，大学生能做，研究生也能做。而有的工作需要你有良好的专业背景，有丰富的经验和积累，但这样的岗位占比不是太大。也就是说，在今天的就业环境下，人的可替代性很高。我国现在三十五岁以下的人口将近三亿，这个群体是非常庞大的，所以竞争压力很大。我以前去美国时，坐的是一架波音747飞机，一上去我就大吃一惊，乘务员并不是空姐，甚至也不是"空嫂"，而是满头白发的"空奶奶"，但在中国你绝对看不到这样的人。我们的年轻人太多了，所以没有像美国这样的情况。

但我觉得还有另外一个问题，那就是：为什么很多人觉得三十五岁就不行了？今天很多人到了三十五岁确实衰老了，但不只是三十五岁，有的人十八岁就衰老了。什么叫衰老？衰老是人不变化了，只剩下体力，精神之中没有新鲜的事物在成长。从幼儿园开始，我们的教育都是应试性的、被动的、统一化的，千人一面。在这么一个状态下，一个人活到三十五岁，就会出现一种麻木或麻痹的状态，缺失了开拓性、探索性、进取性、学习性、生长性。

这也是我们需要正视的问题。我们今天的焦虑主要来自招聘广告，但人生不等于招聘，人生比它宽广得多。三十五岁是一个特别好的年龄，如今三十五岁的人正是85后，他们经历了中国农业社会向工业社会的转换阶段，社会发生了天翻地覆的变化，每天都在接受新鲜的事物，川流不息的人群在涌动，新技术、新的生产方式在涌现，新的城市在建设，他们在无形之中积累了大量前人不具备的东西。因此，现在最有价值的一批人正是三十五岁左右的人，他们经历了两个时代甚至三个时代的人生体验，同时，他们也体尝了人世的炎凉，体尝了各种迷茫，也许他们曾热烈地追求过某种东西，最后发现一无所获；也许他们曾经失去很多东西，漠视过很多东西，结果发现那些东西弥足珍贵。

《洛丽塔》里的男主人公亨伯特三十八岁，他就在那个阶段突然对人生有了新的思考，他要去追寻自己在年少时候的纯情。基督教里最著名的圣徒、神学哲学家奥古斯丁，在他三十五岁时，忽然觉得以往的生活多么荒唐，吃喝享乐什么的全是生活中感性的欲望。有一天他路过教堂，走进去看见一本《圣经》，打开后看到一句话："为人要端正。"他瞬间觉得有所领悟，于是第二天四处漫游，看看别人怎么生活，寻求生活的真谛，最终他沉淀了，彻底转变了。

在我看来，一个人的三十五岁是他人生大幕中非常关键的时间节点，学上完了，工作找到了，甚至恋爱了、结婚了、有孩子了等，该体验的生活都体验过了，他走完了这些弯曲的道路，忽然开始思考自己应该怎么生活，生命应该怎么对待。从生命科学的角度来说，以前人们认为十八岁时人类大脑就已经彻底成熟了，但前些年有研究指出，我们的脑前额叶负责让我们做出价值选择和判断，而这样一个区域，它直到三十一岁左右才发育完全。

到你三十五岁时，你会发现以往大量的选择，包括选择学校、专业、工作等，都是在大脑前叶没发育完全的情况下去做的，所以你的试错率不高，但试错是笔财富。我在复旦的时候有个老师说过一句话："一个人，特别是中国人，三十五岁以前把你该犯的错都犯掉，然后你的生活质量就很高，头脑非常敏锐。"所以我觉得三十五岁确实是对我们人生来说特别关键的年龄，它是一个黄金点，所以问题在于：我们的社会要对此有一个正确的认知。

从前古人说："三十而立，四十而不惑，五十而知天命，六十而耳顺，七十而从心所欲。"但这是农业社会的话，在农业社会中，十几岁的人就对世界很熟悉了，而且世世代代都不会变化，那自然是三十岁而立了。

而如今，四十岁的人也可以很幼稚。我很喜欢北宋张载的一句话，他问一个人要立，什么叫"立"，就是："为天地立心，为生民立命，为往圣继绝学，为万世开太平。"这句话非常大气，很有承担感，但对今人来说很难。一个小格局的人，整天脑子里只有吃吃喝喝，他有什么动力去终身学习？而一个终身学习的人，才会有张载所说的这样一种大的气派，他才能知道自己有多少不足。

读大学的时候，我读到了一套美国人写的科普书，从宇宙起源讲到人的生命，人类存在于宇宙系统之中，小到连一粒尘埃都算不上。因此，不要把一个人看得太重要，但也不要把一个人看得太渺小。

读完这套书，我觉得一个人就应该这样：既要有伟大的意识，因为你是唯一的，在世界上你只存在过一次，你是万物之灵，所以你要把自己的性情释放出来；但同时你也要有渺小的意识，你连天地的一粒尘埃都算不上，所以人生要努力，人生要学习，要热爱这个世界，不要被一些乱七八糟的小欲望所支配。你到三十五岁的时候，终于理解了，尽管一路上你很茫然，有远大的理想，但此刻你会发现自己什么都不懂，就像古希腊的苏格拉底一样。苏格拉底的学生去往神庙，隐约听见神说："你的老师是全世界最有智慧的人。"他回来后，兴高采烈地把这件事告诉苏格拉底。苏格拉底带着学生去云游，一年后回到雅典，最后苏格拉底说："我发现我确实是全希腊最聪明的人，因为我是全希腊唯一一个知道自己一无所知的人。我遇到的人都觉得自己很聪明，说起来一套一套的。在茫茫世界中，知识无穷无尽，我们拿小火柴擦亮的一瞬，看到的那一点点，连沧海一粟都不算。"

所以这时候你要不停地打开，不停地学习，不停地发展。我特别喜欢9月1日这个日子，小学、中学、大学都在开学，我们每年的9月1日都要开学，那就把自己变成一年级小学生，去往这个丰富发展的社会、世界去学习，不管是具体知识，还是我们对世界的理解，对价值的追寻，人这样才算是活着，而不是说到二十岁就变得暮气沉沉。三十五岁的人不要害怕招聘广告，生活不等于招聘，你若有才能，有发展力、生命力、负责力，哪怕到五十五岁社会也需要你。最怕的是二十岁的人却已经是六十岁的状态了，最怕三十五岁时就已经粗糙、固化、丧失了活力。

不要担心自己的三十五岁，而是要担心自己拿不出顺应社会发展需求的创造性。有了这个创造性，走到哪里都不害怕。

全书完

做一个优秀的普通人

作者_梁永安

产品经理_聂文　装帧设计_栗兜　技术编辑_丁占旭
责任印制_杨景依　出品人_曹俊然

果麦
www.guomai.cn

以 微 小 的 力 量 推 动 文 明

图书在版编目（CIP）数据

做一个优秀的普通人 / 梁永安著. -- 成都：四川文艺出版社, 2023.12（2025.3重印）
ISBN 978-7-5411-6814-7

Ⅰ.①做… Ⅱ.①梁… Ⅲ.①人生哲学—通俗读物 Ⅳ.①B821-49

中国国家版本馆 CIP 数据核字(2023) 第 218052 号

ZUO YIGE YOUXIU DE PUTONGREN
做一个优秀的普通人
梁永安 著

出 品 人	冯　静
责任编辑	叶竹君
装帧设计	栗　兜
责任校对	段　敏
出版发行	四川文艺出版社（成都市锦江区三色路238号）
网　　址	www.scwys.com
电　　话	021-64386496（发行部）　028-86361781（编辑部）
印　　刷	北京世纪恒宇印刷有限公司
成品尺寸	140mm×200mm
开　　本	32 开
印　　张	7
字　　数	138 千
版　　次	2023 年 12 月第一版
印　　次	2025 年 3 月第四次印刷
印　　数	18,001 — 21,000
书　　号	ISBN 978-7-5411-6814-7
定　　价	49.80 元

版权所有　侵权必究

如发现印装质量问题，影响阅读，请联系 021-64386496 调换。